职业教育工学结合一体化规划教材

测绘地理信息类职业教育立体化新形态教材

无人机摄影测量

主　编　万保峰　张晓伦　司秀成

副主编　杨海波　王译梓

主　审　赵文亮

本书立体化资源

U0235184

黄河水利出版社

·郑州·

内 容 提 要

本书按照无人机摄影测量工作具体流程,采用比较常用的软硬件,全面系统地介绍了复合翼无人机航空摄影、多旋翼无人机低空摄影、像片控制测量、无人机内业数据处理、无人机倾斜摄影测量等知识和具体操作步骤,最后以一个具体生产项目案例对本书知识进行具体应用。本书的内容紧扣无人机摄影测量 1+X 职业技能取证、全国大学生无人机测绘技能竞赛等,突出能力培养与技能训练,实现与无人机测绘技术相关的"岗、课、赛、证"融通,通过学习使学生能够独立完成无人机摄影测量实际生产项目。

本书适合高职院校测绘工程技术、测绘地理信息技术、摄影测量与遥感技术、工程测量技术、无人机测绘技术、无人机应用技术等专业课程教学实训使用,也可以作为测绘地理信息类相关专业新技能扩展和提升的专业教材,还可作为地质、农业、林业、环境、交通、工程等相关专业相关技术人员的学习参考书。

图书在版编目(CIP)数据

无人机摄影测量/万保峰,张晓伦,司秀成主编
. —郑州:黄河水利出版社,2024.6
ISBN 978-7-5509-3605-8

Ⅰ.①无… Ⅱ.①万… ②张… ③司… Ⅲ.①无人驾
驶飞机-低空飞行-航空摄影测量-高等职业教育-教材
Ⅳ.①P231

中国国家版本馆 CIP 数据核字(2023)第 110242 号

策划编辑:陶金志   电话:0371-66025273   E-mail:838739632@qq.com

责任编辑 冯俊娜		责任校对 杨秀英
封面设计 黄瑞宁		责任监制 常红昕

出版发行 黄河水利出版社

地址:河南省郑州市顺河路 49 号   邮政编码:450003

网址:www.yrcp.com   E-mail:hhslcbs@ 126.com

发行部电话:0371-66020550

承印单位 河南承创印务有限公司

开 本 787 mm×1 092 mm 1/16

印 张 10.5

字 数 243 千字

版次印次 2024 年 6 月第 1 版   2024 年 6 月第 1 次印刷

定 价 42.00 元

前　言

　　近年来,无人机摄影测量技术快速发展,已经广泛应用于测绘地理信息行业企业。无人机摄影测量是以航空遥感为基础,利用先进的无人驾驶飞行器技术、遥感传感器技术、遥测遥控技术、通信技术、GNSS 定位技术,实现自动化、智能化、专业化在应急测绘保障、数字城市建设、国土资源领域、矿山监测、电力工程、环境保护、农林业领域及水利相关领域等方面应用的技术,具有应用范围广、作业成本低、续航时间长、影像实时传输、高危地区探测、图像精细、机动灵活等优点,是卫星遥感与载人机航空遥感的有力补充,已经成为世界各国争相研究和发展的重要方向。

　　党的二十大报告指出要办好人民满意的教育,全面贯彻党的教育方针,落实立德树人的根本任务,培养德智体美劳全面发展的社会主义建设者和接班人,报告还提出推进职普融通、产教融合、科教融汇,优化职业教育类型定位要求。为了深入贯彻党的二十大精神,本书在编写中充分考虑职业教育的特点,融入行业企业对人才培养的需求,注重学生的价值引领,将课程思政融入教材,培养学生吃苦耐劳、认真细致的职业素养和勇于创新、科技报国的精神情怀。

　　本书在系统归纳无人机摄影测量基本理论和方法的基础上,课程设计和教学内容贴近企业生产实际,融入新方法、新技术、新工艺、新标准,对无人机摄影测量概述、复合翼无人机航空摄影、多旋翼无人机低空摄影、像片控制测量、无人机内业数据处理、无人机倾斜摄影测量、无人机摄影测量项目案例等知识进行了深入的探讨与实践。本书的主要特色体现在:

　　(1)详细介绍了无人机摄影测量目前常用的软硬件平台操作流程,其中无人机平台包括成都纵横复合翼大鹏无人机 CW-15 和大疆四旋翼无人机精灵 4RTK,软件包括北京达北时代科技有限公司的 DoubleGrid、瞰景科技发展(上海)有限公司的 Smart3D、北京清华山维新技术开发公司的 EPS 软件等,这些软硬件均是高职院校和行业企业常用的软硬件平台。

　　(2)本书以实际生产为导向,以无人机摄影测量、全国大学生无人机测绘等技能为核心,以项目为载体,以任务为引领,注重真实情景的营造,使学习者能通过真实生产项目掌握无人机摄影测量的基础知识、实践技能和岗位需求,反映了技术发展和行业应用方向。

　　(3)在兼顾教材知识系统性、逻辑性的同时,力求结构严谨、宽而不深、多而不杂、语言简练、文字流畅、内容精炼、通俗易懂。本书注重对基本知识、基本技能、基本方法的介绍,注重对航空摄影测量技术能力的培养,符合职业教育规律和高素质技能型人才培养规律,适应教学改革的要求。

　　本书共分为七个项目,由万保峰、张晓伦和司秀成担任主编,杨海波和王译梓担任副主编,赵文亮担任主审。项目一由昆明冶金高等专科学校张晓伦编写;项目二由昆明冶金高等专科学校万保峰和成都纵横大鹏无人机科技有限公司康强编写;项目三由昆明理工大学津桥学院杨海波和云南航测科技有限公司杨泽华编写;项目四由昆明理工大学津桥学院杨海波和云南省水利水电勘测设计研究院白世晗、杨亚复编写;项目五由北京达北时代科技有限公司司秀成和云南航测科技有限公司王文媛编写;项目六由北京达北时代科技有限公司司秀成和昆明冶金高等专科学校王译梓编写;项目七由昆明冶金高等专科学校张晓伦和万保峰编写。全书由万保峰负责统稿、定稿,并对部分章节进行补充和修改。

本书的编写得到全国测绘地理信息职业教育教学指导委员会、黄河水利出版社、北京达北时代科技有限公司和云南航测科技有限公司的大力支持。在编写过程中,很多专家提出宝贵的意见,为本书的出版做了大量的工作,谨此表示感谢;同时,作者参阅了大量的资料,在此向这些资料的作者表示衷心的感谢!

限于作者的水平,且时间仓促,书中难免有欠妥之处,敬请专家和广大读者不吝指教。

作者

2024 年 1 月

目　录

项目一　绪　论

项目描述

    无人机测量技术已成为测绘地理信息行业的热门发展方向,无人机测量技术目前发展得怎么样? 无人机测量技术具体包含哪些工作内容? 以此为切入点,结合无人机测量技术生产实践工作,从"岗、课、赛、证"角度详细讲述无人机测量技术岗位任务、课程教学安排、无人机摄影测量1+X取证、全国大学生无人机测绘技能竞赛等内容。

教学目标

    1.了解无人机行业发展趋势。

    2.掌握无人机测量技术的主要工作与岗位任务。

    3.熟悉无人机摄影测量1+X证书制度。

    4.了解全国大学生无人机测绘技能竞赛规程。

知识准备

任务一　无人机测量技术概述

一、无人机产业发展趋势

    近年来,随着通信、飞控、传感器、北斗导航定位等各类软硬件技术的快速发展,无人机作为新一代电子信息技术与航空航天工业技术深度融合的产物,无人机行业已成为全球战略性新兴科技的热门发展方向之一。无人机作为航空航天产业中冉冉升起的新星,不仅在社会生产生活中发挥越来越重要的作用,更成为新的经济增长点。

    无人机产业迎来了迅猛增长,行业应用也在持续拓展。无人机产业上游主要是原材料与核心零部件的加工制造,原材料包括金属材料和复合材料两大类,核心零部件主要包括芯片、电池、电机、发动机。无人机产业中游是无人机各分系统、任务载荷和系统集成等的研发与生产制造。无人机产业下游是无人机在各个行业中的应用。

    现在很多国家正在建设无人机产业,并推动无人机产业广泛应用。我国无人机产业也取得很大进步,技术位居世界前列,产品已经出口到国际高端市场。相关专家指出,我国无人机产业发展已经进入社会应用的新时期,已经能够利用无人机作为载体为国民经济建设服务。中国航空工业集团在2022年11月发布的《通用航空产业发展白皮书》显示,2021年全球民用无人机市场规模超过1 600亿元。随着下游应用领域的不断扩大,未来将持续增长,预计2025年无人机产业市场规模将达到5 000亿元。民用无人机市场的发展受到技术进步、航空数据与成像需求增加,以及无人机在行业应用范围的不断扩大的推动,未来无人机产业将会继续增长并扩展到新的应用领域。

在众多产业应用中,无人机在测绘地理信息行业中的应用也取得突飞猛进的发展。相关数据显示,截至 2019 年我国专门应用于测绘地理信息数据获取的无人机数量已经超过 2 000 架,行业从业人员接近 40 万,民用无人机产业规模已经突破 200 亿元。

二、无人机测量技术

无人机测量技术是利用无人机搭载专业航空摄影相机按照国家规范要求获取对指定区域的影像数据,然后通过无人机摄影测量数据处理平台对无人机影像数据进行计算处理,构建出与实地相一致的立体环境,在立体环境中采集地物、地貌信息。无人机测量技术集先进的无人机飞行器驾驶技术、遥感传感器技术、遥测遥控技术、通信传输技术、导航定位技术、POS 定位定姿技术、数字摄影测量技术、影像处理与模式识别技术等于一体,实现快速高效测绘地理信息数据获取的新兴技术。

无人机测量技术具有自动化、智能化、高效率地获取地理信息数据的特点,能够克服传统航空摄影测量受制于长航时、大机动、恶劣气象条件、危险环境等的影响,也可以弥补卫星遥感受天气与时间分辨率无法获取指定区域信息的空缺,可以快速获取指定区域多角度、大范围、多传感器类型的高分辨率影像信息。

无人机测量技术作为测绘地理信息行业的新宠,其应用和发展得到了行业的高度认可。无人机测量技术的发展,为提升国家应急测绘保障能力、完善地理信息数据获取体系、支持国家经济建设提供更强有力的支撑。无人机测量技术不仅在测绘地理信息行业得到快速发展,在应急救灾、生态环保监测、土地利用调查、农业作物长势监测、自然资源普查、城市规划与市政管理等领域也有广阔的应用空间。

三、无人机测量技术主要工作

(一)无人机航空摄影

无人机航空摄影是利用专业的无人机飞行控制软件对无人机进行操控,通过搭载在无人机上的航空摄影相机获取指定区域的影像数据。主要工作包括:无人机组装与调试、无人机航线规划设计、无人机航空摄影飞行、无人机影像质量检查与整理等。无人机航空摄影影像数据获取不受地理条件限制,能够获取大范围区域高分辨率影像,广泛应用于应急救灾、森林资源调查、地形图测绘、农业监测等领域。

(二)像片控制测量

像片控制测量是根据摄影测量内业规范要求,采用地形测量的方法在指定的点位获取地面点三维坐标的过程。随着技术的不断进步,GNSS 实时定位(RTK)测量技术的精度逐步提高,利用 RTK 测量技术不仅可以满足像片控制测量精度要求,而且可以大大提高像片控制测量的工作效率,目前像片控制点采集通常采用 RTK 测量技术获取。

(三)无人机立体摄影测量

无人机立体摄影测量是根据立体摄影测量航飞规范要求完成无人机影像数据获取与像控点采集后,通过无人机立体摄影测量数据处理软件完成空中三角测量(简称空三)刺点与平差处理,生成与实地相一致的三维立体,通过立体眼镜观察立体,在立体环境中采集与编辑地物、地貌信息,生产数字线划地图(DLG)、数字高程模型(DEM)与数字正射影像(DOM)。无人机立体摄影测量可以满足不同比例尺的地形图测绘,目前已经成为主要的测绘地理信息数据获取方法。

(四)无人机倾斜摄影测量

无人机倾斜摄影测量是根据倾斜摄影测量航飞规范要求完成测区倾斜摄影测量影像数据获取与像控点采集后,利用无人机倾斜摄影测量三维建模软件完成影像数据与控制点导入,然后进行空三刺点与平差处理,构建实景三维模型,然后通过裸眼测图软件进行地形图绘制,通过实景三维模型编辑处理软件完成模型单体化与编辑处理生产制作测区高精度实景三维模型。无人机倾斜摄影测量技术目前已成为主要的地形图测绘方法与实景三维模型制作方法。

四、无人机测量技术主要工作岗位

无人机测量技术主要工作岗位有:无人机航空摄影、像片控制测量、无人机航测数据快拼图制作、立体摄影测量测图、倾斜摄影测量裸眼测图、实景三维模型编辑处理。具体工作岗位描述与工作任务见表1-1。

表1-1　无人机测量技术主要工作岗位

岗位名称	岗位描述	工作任务	参考学时	
无人机航空摄影	熟悉无人机的基本结构,进行无人机组装,练习无人机基本操作;在飞控软件中进行航线规划设计;进行无人机航空摄影实施;对航飞影像进行整理与质量检查	无人机组装与基本操作	2	8
		航线规划与设计	2	
		无人机航空摄影	2	
		影像整理与质量检查	2	
像片控制测量	根据无人机航测像片控制测量规范、内业成图需要与测区实地情况制订像控计划,开展像片控制测量工作,对像控成果进行整理	像控计划制订	2	6
		像片控制测量实施	2	
		像控成果整理	2	
无人机航测数据快拼图制作	熟悉无人机航测数据处理软件,导入原始无人机影像,制作测区快拼图	导入原始影像,制作快拼图	2	2

岗位名称	岗位描述	工作任务	参考学时	
立体摄影测量测图	利用无人机摄影测量数据处理软件完成原始影像与控制点导入、空三刺点与平差处理,生成立体像对;在计算机立体环境中进行高程点采集与编辑处理,生产制作 DEM,对制作的 DEM 质量进行精度评价;拼接线编辑处理,生产制作 DOM,对 DOM 精度进行评定;采集道路、建筑物、水体等地物信息制作 DLG	影像与控制点导入,空三刺点与平差处理	4	18
		DEM 编辑处理	4	
		DEM 渲染与质量评定	2	
		拼接线编辑处理与 DOM 质量评定	4	
		DLG 数据采集	4	
倾斜摄影测量裸眼测图	利用倾斜摄影测量数据处理软件进行影像数据与控制点导入、空三刺点与平差处理;生产制作测区三维模型;将三维模型导入裸眼测图软件,进行裸眼测图	影像与控制点导入,空三刺点与平差处理	4	16
		倾斜摄影测量三维模型构建	2	
		三维模型导入裸眼测图软件	2	
		地物信息采集与编辑处理	4	
		地貌信息采集与编辑处理	4	
实景三维模型编辑处理	将三维模型导入实景三维模型编辑处理软件,对实景三维模型进行模型单体化处理与模型编辑处理	三维模型导入实景三维模型编辑处理软件	2	10
		模型单体化编辑处理	4	
		模型修饰编辑处理	4	
合计			60	

任务二　无人机摄影测量 1+X 取证

一、1+X 证书制度概述

2019 年 1 月 24 日,国务院印发《国家职业教育改革实施方案》,方案中明确提出,从 2019 年开始,在职业院校、应用型本科高校启动"学历证书+若干职业技能等级证书"制度试点(简称 1+X 证书制度试点)工作。2019 年 4 月 4 日,按照国家教育大会部署和落实《国家职业教育改革实施方案》要求,教育部会同国家发展和改革委、财政部、市场监管总局制订了《关于在院校实施"学历证书+若干职业技能等级证书"制度试点方案》,部署启动"学历证书+若干职业技能等级证书"制度试点工作。2019年11月9日,教育部办公厅、国家发展和改革委办公厅、财政部办公厅发布《关于推进1+X证书制度试点工作的指导意见》,对1+X相关工作做了更加明确的部署说明。

"1"是学历证书,是指学习者在学制系统内实施学历教育的学校或者其他教育机构中完成了学制系统内一定教育阶段学习任务后获得的文凭。"X"是若干职业技能等级证书,是在学习者完成某一职业岗位关键工作领域的典型工作任务所需要的职业知识、技能、素养的学习后获得的反映其职业能力水平的凭证。学校教育全面贯彻党的教育方针,落实立德树人根本任务,是培养德智体美劳全面发展的高素质劳动者和技术技能人才的主渠道,学历证书全面反映学校教育的人才培养质量,在国家人力资源开发中起着不可或缺的基础性作用。职业技能等级证书是毕业生、社会成员职业技能水平的凭证,反映职业活动和个人职业生涯发展所需要的综合能力。

二、无人机摄影测量1+X证书

2020年,在教育部职业技术教育中心研究所授权发布的《参与1+X证书制度试点的第四批职业教育培训评价组织及职业技能等级证书名单》(教职所〔2020〕257号)中,"测绘地理信息数据获取与处理""测绘地理信息智能应用""无人机摄影测量""不动产数据采集与建库"四项与测绘地理信息行业相关的技能证书成功入选。这标志着,测绘地理信息行业正式参与到1+X证书制度试点建设工作中。

按照国务院关于印发《国家职业教育改革实施方案》的通知,教育部等四部门印发的《关于在院校实施"学历证书+若干职业技能等级证书"制度试点方案》,教育部办公厅、国家发展和改革委办公厅、财政部办公厅联合印发的《关于推进1+X证书制度试点工作的指导意见》等文件精神,为确保1+X无人机摄影测量职业技能等级证书试点工作的顺利开展,于2020年11月制订了《无人机摄影测量职业技能等级证书考核方案》。

无人机摄影测量1+X证书主要面向测绘地理信息行业,根据无人机测量技术生产实践岗位实际情况,无人机摄影测量1+X证书考核内容包含:无人机航空摄影、空三加密、立体测图、倾斜摄影测量、实景三维建模与编辑等,根据技术技能水平要求划分为初级、中级、高级三个职业技能等级。

三、《无人机摄影测量职业技能等级证书考核方案》

(一)考核条件

考生应符合如下条件:

(1)应完成《无人机摄影测量职业技能等级证书培训方案》中相关业务技能的培训和学习。

(2)在规定的考试时间前5日,提出申请并在无人机摄影测量职业技能等级证书管理系统上录入个人信息。

(3)参加考试时须出示本人准考证和有效证件(包括身份证、港澳居民来往内地通行证、台湾居民来往大陆通行证、护照)。

(二)证书取得条件

符合下列条件的考生,可以取得相应等级的证书:

(1)完成《无人机摄影测量职业技能等级标准》要求的相应等级的职业技能理论知识、实践操作培训学习。

(2)完成《无人机摄影测量职业技能等级标准》要求的相应等级的职业技能考试,总成绩≥60分。

(三)考核方式

初级、中级与高级均为理论、实践两项考试内容。各项考试满分均为100分,总成绩为理论考试成绩与实践技能考试成绩之和,其中理论考试成绩权重40%,实践技能考试成绩权重60%。

理论考试采用无纸化方式,具体要求见表1-2。

表1-2　无人机摄影测量1+X职业技能等级证书理论考试

职业技能等级	时限/min	题目数量
初级	60	50
中级	60	50
高级	60	100

实践技能考试要求考生通过实践操作完成无人机组装与检查、无人机航空摄影、影像数据处理等考核内容。

(四)初级实践技能考核方案

初级实践技能考核项目为无人机航飞影像数据处理,具体内容见表1-3。

表1-3　初级实践技能考核内容

考核项目	考核内容
无人机航飞影像数据处理	1. 航摄成果整理; 2. 数字表面模型(DSM)生产; 3. 数字正射影像(DOM)生产

1. 无人机航飞影像数据处理考核流程

(1)信息核对。考评员在规定时间、规定场所内对参加考试的考生信息进行核对,确保考生信息无误后,开始考试。

(2)航摄成果整理。考生利用考核站点提供的摄影测量软件,对提供的航摄成果数据进行整理。

(3)DSM和DOM生产。考生利用考核站点提供的摄影测量软件,按照考核参数要求,完成工程的新建、影像数据和POS数据的加载、相机参数录入、空三解算、生产DSM和DOM。其中,DSM的格网间距设置为2 m×2 m,DOM分辨率设置为0.2 m,成果格式不限。

(4)成果提交:考生创建成果文件夹,命名为:身份证号+YXSJCL(影像数据处理),如"530101200001010123YXSJCL",将完成的 POS 成果、DSM 成果和 DOM 成果放到命名好的文件夹中,即完成该项内容的考核。

考核项目具体考核时间见表1-4。

表1-4 初级实践技能考核时间

考核项目	考核内容	考核时间/min
无人机航飞影像数据处理	航摄成果整理	60
	DSM 生产	
	DOM 生产	

2.提供资料

(1)航摄成果:航摄像片、POS 数据、数据说明文件。

(2)相机参数:相机检校报告。

3.成果提交要求

(1)整理好的 POS 成果,格式不限。

(2)DSM 成果,格式不限。

(3)DOM 成果,格式不限。

(五)中级实践技能考核方案

中级实践技能考核项目为无人机航摄飞行和影像数据处理,具体内容见表1-5。

表1-5 中级实践技能考核内容

考核项目	考核内容	说明
无人机航摄飞行	1.航线规划; 2.模拟飞行	
影像数据处理	1.航摄成果整理; 2.空三加密及质量评定; 3.DEM 生产及质量评定; 4.DOM 生产及质量评定; 5.DLG 生产及质量评定	1、2 为必考内容,3、4、5 为抽考内容,抽选其中 1 项内容考核,3 项分值相等

1.无人机航摄飞行考核流程

(1)信息核对。考评员在规定时间、规定场所内对考生信息进行核对,确保考生信息无误后开始考试。

(2)航线规划。考生在无人机模拟飞行软件中导入已有的任务区范围线,按照下面要求进行航线规划:航摄相机选用,成图比例尺为 1:2 000,地面分辨率优于 0.2 m,但不高于0.15 m,重叠度设置要满足规范要求,航线覆盖测区全范围,航线类型采用"几"字形。

（3）模拟飞行。利用无人机模拟飞行软件，完成任务区无人机的起飞，模拟正射影像数据采集、降落等考核内容。

（4）成果提交。保存飞行计划并提交，成果命名为：身份证号+.flySched，如"530101200001010123. flySched"；导出模拟拍照的 POS 数据（txt 格式）并提交，成果命名为：身份证号+POS，如"530101200001010123POS"。

2. 影像数据处理考核流程

（1）信息核对。考评员在规定时间、规定场所内对参加考试的考生信息进行核对，确保考生信息无误后，开始考试。

（2）航摄成果整理。考生利用考核站点提供的摄影测量软件，对提供的航摄成果数据进行整理。

（3）空三加密及质量评定。考生利用考核站点提供的摄影测量软件，完成工程的新建、影像数据和 POS 数据的导入、相机参数的录入、空中三角测量的解算、像控点的转刺及平差、空三精度的自检。

（4）DEM、DOM 和 DLG 生产及质量评定。考生根据抽考内容完成 DEM、DOM、DLG中某一数据成果的生产。DEM 需在立体环境下，基于立体像对完成非地面点到地面点的编辑，也可结合滤波软件完成点云的滤波、编辑；DOM 可在空三加密的成果上，生产 DSM/DEM，基于 DSM/DEM 生产单张影像，完成单张影像的镶嵌与拼接，可借助正射影像修补软件，修补正射影像成果，提高影像成果的质量；DLG 可基于空三加密成果，利用立体测图软件，导入 DLG 生产范围线，采用立体像对完成 DLG 的采集，也可利用实景三维模型和 DLG 生产范围线，借助裸眼测图软件完成 DLG 数据的采集。其中，DEM 成果格网间距要求设置为 2 m×2 m，DOM 成果分辨率要求设置为 0.2 m，DLG 成果按照 1:2 000 要求采集，成果格式均不限。

（5）成果提交。考生创建成果文件夹，命名为：身份证号+YXSJCL（影像数据处理），如"530101200001010123YXSJCL"，将完成的 POS 成果，空三加密成果或空三工程，DEM、DOM、DLG 中某一成果放到命名好的文件夹中，即完成该项内容的考核。

各项考核项目具体考核时间见表 1-6。

表 1-6　中级实践技能考核时间

考核项目	考核内容	考核时间/min
无人机航摄飞行	航线规划	60
	模拟飞行	
影像数据处理	航摄成果整理	180
	空三加密及质量评定	
	DEM 生产及质量评定	
	DOM 生产及质量评定	
	DLG 生产及质量评定	

3.提供资料

(1)任务区范围线、DLG 生产范围线。

(2)航摄成果。航摄像片、POS 数据、数据说明文件。

(3)相机参数。相机检校报告。

(4)像控点点之记成果资料或像控点成果数据和对应的实地照片。

4.成果提交要求

1)无人机航摄飞行

航线规划、模拟飞行:提交保存的飞行计划和下载的 POS 数据。

2)影像数据处理

(1)整理好的 POS 成果,格式不限。

(2)空三加密成果或空三工程(不包括原始航摄像片),格式不限。

(3)DEM 成果,格式不限。

(4)DOM 成果,格式不限。

(5)DLG 成果,格式不限。

注:提交成果以考生抽考内容为准。

(六)高级实践技能考核方案

高级实践技能考核项目为无人机倾斜摄影航摄和影像数据处理,具体内容见表1-7。

表 1-7　高级实践技能考核内容

考核项目	考核内容	说明
无人机 倾斜摄影航摄	1.无人机与倾斜相机的组装、检查与拆卸装箱; 2.航线规划; 3.影像数据采集	
影像数据处理	1.航摄成果整理; 2.实景三维模型生产; 3.DLG 生产及质量评定; 4.实景三维模型编辑	

1.无人机倾斜摄影航摄考核流程

(1)信息核对。考评员在规定时间、规定场所内对考生信息进行核对,确保考生信息无误后开始考试。

(2)无人机与倾斜相机的组装与检查。考生对提供的无人机进行组装,包括机翼、机臂、螺旋桨、云台、内存卡、电池、相机等。组装完成后进行设备检查,检查完成后考生向考评员示意,由考评员查看并填写"无人机摄影测量(高级)无人机倾斜摄影航摄考核评分记录表"。

(3)航线规划。考生在无人机地面站软件中导入已有的任务区范围线,按照下面要求进行航线规划:成图比例尺 1:500,地面分辨率为 0.05 m,航向、旁向重叠度均为 80%。

航摄范围要求在任务区范围的基础上外扩至少 1 个航线。

（4）影像数据采集与无人机拆卸装箱。在确保起飞环境安全时，完成无人机的起飞，进行影像数据采集。影像数据采集完成后，在确保降落环境安全时，完成无人机的降落，并进行无人机的拆卸装箱等操作，由考评员填写"无人机摄影测量（高级）无人机倾斜摄影航摄考核评分记录表"。

（5）成果提交。考生创建成果文件夹，命名为：身份证号+HSCG（航摄成果），如"530101200001010123HSCG"，将影像成果、POS 成果、数据说明文件放到命名好的文件夹中，即完成该项内容的考核。

（6）在整个考试过程中，考评员须时刻关注考生操作情况，确保在航飞时不会发生安全事故。在可能发生安全事故时，考评员可以采取必要措施，杜绝安全事故发生。

2. 影像数据处理考核流程

（1）信息核对。考评员在规定时间、规定场所内对参加考试的考生信息进行核对，确保考生信息无误后，开始考试。

（2）航摄成果整理。考生利用考核站点提供的摄影测量软件，对提供的航摄成果数据进行整理。

（3）实景三维模型生产。考生利用考核站点提供的倾斜摄影测量软件，完成工程的新建、影像数据和 POS 数据的导入、相机参数的录入、空中三角测量的解算、像控点的转刺及平差、空三精度的自检，然后按照以下要求设置各项参数，完成实景三维模型数据的生产：

①数学基础。

坐标系统：2000 国家大地坐标系。

高程基准：大地高。

投影与分带方式：高斯-克吕格投影，3°分带，不加带号。

②空三加密。要求空三加密成果未出现分层、弯曲等现象。

③像控点转刺。对提供的像控点全部进行转刺，每个像控点在每个镜头上至少转刺 3 张影像。

④瓦块划分。采用水平划分，大小为 20 m×20 m。

⑤原点设置。瓦片划分原点和模型场景原点需要设置一致，数值会在考核时提供。

⑥模型输出。输出 *.OSGB 格式的三维模型。

⑦空三精度。在平差报告中，重投影中误差不大于 1 个像素，像控点中误差和加密点中误差不大于 0.8 个像素。

（4）DLG 生产。DLG 可基于空三加密成果，利用立体测图软件，导入 DLG 生产范围线，采用立体像对完成 DLG 采集；也可以利用实景三维模型和 DLG 生产范围线，借助裸眼测图软件完成 DLG 数据的采集。DLG 成果按照 1∶2 000 要求采集，成果格式不限。

（5）实景三维模型编辑。利用考核站点提供的实景三维模型后期处理软件，对实景三维模型成果进行编辑修饰，具体要求如下：

①悬浮物删除。对场景内悬浮物进行删除处理，至少删除 5 处有悬浮物的地物，删除后不能有残余，对没有悬浮的地物不能误删。

②压平处理。压平场景内至少2处建筑物,被压平处理后的区域不能出现闪烁或空洞。对压平后的区域进行纹理编辑,要与周围的纹理匹配,编辑后的纹理需清晰、美观、过渡自然。

③空洞修补。修补整个场景内至少5处有空洞的地方,被修补的空洞需补修完整,对修补后的区域进行纹理的编辑,编辑后的纹理需清晰、美观、过渡自然。

(6)成果提交。考生创建成果文件夹,命名为:身份证号+YXSJCL(影像数据处理),如"530101200001010123YXSJCL",将完成的POS成果、空三加密成果或空三工程、实景三维模型成果、DLG成果和编辑后的模型成果放到命名好的文件夹中,即完成该项内容的考核。

各项考核项目具体考核时间见表1-8。

表1-8　高级实践技能考核时间

考核项目	考核内容	考核时间/min
无人机倾斜摄影航摄	无人机与倾斜相机的组装、检查、拆卸装箱	90
	航线规划	
	影像数据采集	
影像数据处理	航摄成果整理	240
	实景三维模型生产	
	DLG生产及质量评定	
	实景三维模型编辑	

3. 提供资料

(1)任务区范围线。

(2)航摄成果:航摄像片、POS数据、数据说明文件。

(3)相机参数:相机检校报告。

(4)像控点点之记成果资料或像控点成果数据和对应的实地照片。

(5)模型输出范围线。

(6)实景三维模型成果:OSGB成果数据、模型坐标文件。

(7)DLG生产范围线。

(8)空三加密成果和对应的相机参数,未畸变影像。

4. 成果提交要求

1)无人机倾斜摄影航摄

(1)无人机与倾斜相机的组装、设备性能检查、拆卸装箱:考评员进行现场记录。

(2)航线规划:考评员现场进行记录。

(3)无人机影像数据采集:提交航摄POS数据、影像成果、数据说明文件。

2)影像数据处理

(1)整理好的POS成果,格式不限。

（2）空三加密成果或空三工程，格式不限。

（3）空三加密平差报告。

（4）实景三维模型成果，格式为 OSGB。

（5）DLG 成果，格式不限。

（6）修饰编辑后的实景三维模型成果。

开展 1+X 证书制度试点工作是党中央国务院为完善职业教育和培训体系，深化产教融合、企校合作，推进职业教育发展改革做出的重要部署。实施 1+X 证书制度有助于实现"岗、课、赛、证"融通，提高学生的学习积极性，推动模块化教学实施，提高职业教育人才培养质量。

任务三　全国大学生无人机测绘技能竞赛

一、概述

近年来，许多院校争相开设无人机测量技术专业或在已开设的测绘地理信息类专业中增设无人机测绘课程。全国大学生无人机测绘技能竞赛是由全国测绘地理信息职业教育教学指导委员会组织，根据行业发展现状，以职业能力培养为主线，推动无人机测量技术进院校、进课堂，充分发挥"以赛促教、以赛促学、以赛促建"的作用，助推测绘地理信息类高校人才培养质量进一步提升。

二、赛事举办情况

全国大学生无人机测绘技能竞赛目前已举办 4 届，参赛院校在逐届增加，规模不断扩大，影响力也在不断增加。

2017 年 11 月，首届全国大学生无人机测绘技能竞赛在河南省南阳市成功举办。全国 19 个省 38 所本专科院校参赛，其中高职院校 23 所、本科院校 15 所。

2018 年 7 月，第二届全国大学生无人机测绘技能竞赛在云南省昆明市成功举办。全国 22 个省 52 所本专科院校参赛，其中高职院校 34 所、本科院校 18 所。

2019 年 7 月，第三届全国大学生无人机测绘技能竞赛在山东省日照市成功举办。全国 24 个省 78 所本专科院校参赛，其中高职院校 59 所、本科院校 19 所。

2023 年 4 月，第四届全国大学生无人机测绘技能竞赛在广东省广州市成功举办。全国 22 个省 79 所本专科院校参赛，其中高职院校 54 所、本科院校 25 所。

三、竞赛规程

（一）考核方式

竞赛采用内外业相结合的方式进行。主要包括以下内容：

（1）无人机低空影像数据采集（外业），见图 1-1。

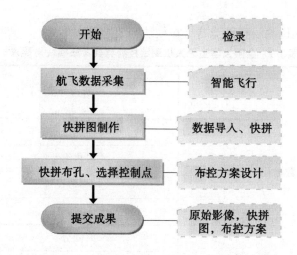

图 1-1　无人机低空影像数据采集(外业)竞赛流程

(2)低空摄影测量影像处理(内业),见图 1-2。主要考核学生在无人机测绘实践操作中的数据获取、数据处理与综合应用能力。

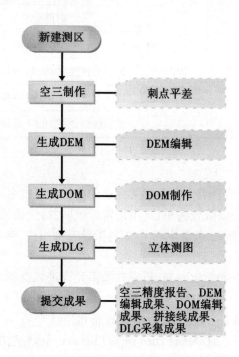

图 1-2　低空摄影测量影像处理(内业)竞赛流程

(二)考核模块

外业模块主要包括无人机航飞影像数据获取、快拼图制作与像控点布设。内业模块主要包括无人机影像空三刺点与平差、DEM 编辑与生产制作、DOM 编辑与生产制作、DLG

立体采集与图廓整饰。

全国大学生无人机测绘技能竞赛考核模块与要求见表 1-9。

表 1-9　全国大学生无人机测绘技能竞赛考核模块与要求

竞赛内容		竞赛时间/min	所占分值/分		总分值/分
无人机低空影像数据采集（外业）	影像数据获取	30	时间分	3	30
			无人机组装	4	
			飞控参数设置	4	
			无人机起降	8	
	影像快拼及控制点布设	40	时间分	3	
			原始影像合格	2	
			影像快拼图（成果质量）	3	
			布控方案（成果质量）	3	
低空摄影测量影像处理（内业）		240	时间分	14	70
			空三精度报告	6	
			数字高程模型 DEM（成果质量）	15	
			数字正射影像 DOM（成果质量）	15	
			数字线划地图 DLG（成果质量）	20	

(三) 参赛队要求

(1)凡开设测绘地理信息类专业及相关专业的高校均可报名组队参赛。

(2)本赛项为团体赛，以院校为单位，不得跨校组队，每个院校可选派 1 支队伍参赛。

(3)参赛队由 1 名领队、2 名学生和 1~2 名指导教师组成，参赛选手必须为本院校在读学生。

(4)竞赛现场，仅由参赛学生参与，指导教师不允许进入竞赛场地内。

(四) 竞赛仪器设备

竞赛使用的设备由组委会统一提供，竞赛设备包括：

(1)原始影像采集系统：①大疆（DJI）精灵 Phantom 系列航拍无人机；②平民化专项定制巡航软件。

(2)影像数据处理软件：Double Grid 平民化摄影测量后处理软件（见图 1-3）。

(3)影像数据处理硬件：Window7 64 位旗舰版计算机、立体采集设备（红蓝/绿眼镜），见图 1-4。

图 1-3 竞赛使用的相关软件

图 1-4 竞赛使用的相关硬件

四、竞赛效果

全国大学生无人机测绘技能竞赛比赛内容紧跟测绘地理信息行业发展趋势,充分展现了测绘地理信息数据获取新技术在全国高校的推广应用状况。参赛院校数量逐届增加,说明社会认可度在不断扩大。"以赛促学,以赛促教,以赛促建",大赛为学生提高运用无人机测量技术的能力提供了重要平台,为参赛院校的专业建设、教学改革提供了重要引擎,推动全国高校无人机测量技术教学水平提升。

注意事项

(1)无人机摄影测量1+X职业技能等级证书分为理论考试、无人机摄影测量数据获取与处理两部分。

(2)全国大学生无人机测绘技能竞赛专科、本科院校均可参加比赛,只要开设测绘地理信息类专业或无人机测绘相关课程即可报名参赛。

(3)全国大学生无人机测绘技能竞赛是2名学生组队参赛,参赛选手必须为参赛院校在读学生,对性别没有要求。

拓展思考

(1)无人机测量技术主要包括哪些工作内容?

(2)无人机测量技术相关1+X证书有哪些?

(3)无人机测量技术主要有哪些工作岗位?

(4)如何在无人机测绘技能大赛中取得优异成绩?

项目二　复合翼无人机航空摄影

　　无人机航空摄影是利用航空摄影机从无人机上获取指定范围内地面或空中目标的图像信息,利用影像生成对应区域的测绘产品,为国民经济建设、国防建设和科学研究提供基础数据支持的技术。它一般不受地理条件的限制,能获取广大地域的高分辨率像片。航空摄影能为航空摄影测量提供影像等基础资料。

　　无人机航空摄影所使用的无人机主要是固定翼无人机、复合翼无人机和多旋翼无人机。固定翼无人机由于操控比较复杂,目前使用较少;复合翼无人机使用较为普遍,适合大面积区域航空摄影;多旋翼无人机适合小面积、分辨率要求较高的区域航空摄影。本项目主要讲解复合翼无人机航空摄影,主要包括复合翼无人机组装调试、航飞实施和航摄成果质量检查。固定翼无人机航空摄影比较适合大面积区域。

教学目标

　　1.掌握常用复合翼无人机的组成及构造。
　　2.掌握常用复合翼无人机的组装和维护。
　　3.掌握常用复合翼无人机航空摄影测量实施流程。

知识准备

任务一　复合翼无人机航空摄影基础知识

一、无人机基础

(一)无人机定义

　　无人机(unmanned aircraft,UA),是由控制站管理(包括远程操纵或自主飞行)的航空器,也称远程驾驶航空器(remotely piloted aircraft,RPA)。无人机系统(unmanned aircraft system,UAS)是指由无人机、控制站、指令与控制数据链路、型号设计规定的任何其他部件组成的系统,包括地面系统、飞机系统、任务载荷和无人机使用保障人员。

(二)无人机系统

　　无人机系统(UAS)也称无人驾驶航空器系统(remotely piloted aircraft systems,RPAS),随着无人机性能的不断发展和完善,能够执行复杂任务的无人机系统。常规的无人机系统主要包括飞行器、飞控系统、通信链路、发射回收等分系统。

二、航空摄影测量基础

　　航空摄影是利用航空摄影机从飞机或其他航空器上获取指定范围内地面或空中目标

的图像信息,利用影像生成对应区域的测绘产品,为国民经济建设、国防建设和科学研究提供基础数据支持的技术。它一般不受地理条件的限制,能获取广大地域的高分辨率像片。航空摄影能为航空摄影测量提供影像等基础资料。

空中摄影获得的航摄底片是航测成图基本原始资料,其质量的优劣,直接影响摄影测量过程的繁简、摄影测量成图的工效和精度。因此,摄影测量要对空中摄影提出相应的质量要求,即摄影质量和飞行质量的基本要求。

(一)航摄像片倾斜角

航摄像片倾斜角指的是摄影机物镜主光轴与铅垂线之间的夹角(见图2-1),以 α 表示。以测绘地形为目的的空中摄影多采用竖直摄影方式,要求航摄机在曝光的瞬间物镜主光轴保持垂直于地面。实际上,由于飞机的稳定性和摄影操作的技能限制,航摄机主光轴在曝光时总会有微小的倾斜,按规定要求像片倾角 α 应小于2°～3°,这种摄影方式称为竖直摄影。

(二)摄影航高

摄影航高简称航高 H,是指航摄仪物镜中心 S 在摄影瞬间相对于某一基准面的高度。航高的计算是从该基准面起算,向上为正号。根据所取基准面的不同,航高可分为相对航高 $H_{相}$ 和绝对航高 $H_{绝}$,如图2-2所示。

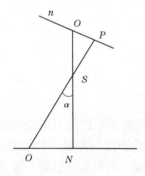

图2-1　像片倾斜角示意图　　　图2-2　相对航高与绝对航高

(1)相对航高 $H_{相}$。航摄仪物镜中心 S 在摄影瞬间相对于某一基准面(通常是摄影区域地面平均高程基准面)的高度。

(2)绝对航高 $H_{绝}$。航摄仪物镜中心 S 在摄影瞬间相对于大地水准面的高度。摄影区域地面平均高程 A、相对航高 $H_{相}$、绝对航高 $H_{绝}$ 之间的关系为

$$H_{绝} = A + H_{相}$$

(三)航摄比例尺

航摄比例尺是指空中摄影计划设计时的像片比例尺。航摄比例尺的选取要以成图比例尺、摄影测量内业成图方法和成图精度等因素来综合考虑选取,另外还要考虑经济性和摄影资料的可使用性。应根据不同摄区的地形特点,在确保测图精度的前提下,本着有利于缩短成图周期、降低成本、提高测绘综合效益的原则进行选择。航摄比例尺与成图比例尺之间的关系可参照表2-1确定。

表 2-1　航摄比例尺与成图比例尺的关系

比例尺	航摄比例尺	成图比例尺
大比例尺	1:2 000~1:3 500	1:500
	1:3 500~1:7 000	1:1 000
	1:7 000~1:14 000	1:2 000
中比例尺	1:10 000~1:20 000	1:5 000
	1:20 000~1:40 000	1:10 000
小比例尺	1:25 000~1:80 000	1:25 000
	1:35 000~1:80 000	1:50 000
	1:60 000~100 000	1:100 000

通常情况下为充分发挥航摄负片的使用潜力,在满足成图精度的条件下,一般从经济角度考虑应选择较小的摄影比例尺。

当像片水平、地面水平时,从相似三角形理论可知,此时航摄比例尺为像片上一段距离 l 和地面上相应距离 L 之比,即

$$\frac{1}{m} = \frac{l}{L} = \frac{f}{H}$$

式中　f——摄影机主距;

　　　H——相对于平均高程面的航摄高度,称为航高;

　　　m——比例尺。

(四)像片重叠度

摄影测量使用的航摄像片,要求沿航线飞行方向两相邻像片上对所摄的地面有一定的重叠影像,这种重叠影像部分称为航向重叠,若以重叠影像与像幅边长之比的百分数表示,则称为航向重叠度,如图 2-3(a)所示。对于区域摄影(面积航空摄影),要求两相邻航带像片之间也需要有一定的影像重叠,这种重叠影像部分称为旁向重叠,其重叠影像与像幅边长之比的百分数称为旁向重叠度,如图 2-3(b)所示。

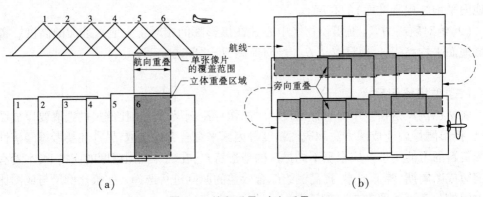

　　　　　(a)　　　　　　　　　　　　　　　　(b)

图 2-3　航向重叠、旁向重叠

（五）航高差

《低空数字航空摄影规范》（CH/T 3005—2021）规定，同一航线上相邻像片的航高差不应大于 30 m，最大航高与最小航高差不应大于 50 m，实际航高与设计航高之差不应大于 50 m。

（六）航带（线）弯曲度

航带（线）弯曲度是指航带两端像片主点之间的直线距离 L 与偏离该直线最远的像主点到该直线垂距 δ 的比（见图 2-4），一般采用百分数表示，即

$$R = \frac{\delta}{L} \times 100\%$$

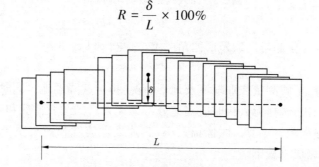

图 2-4　航带弯曲与弯曲度

航带弯曲会影响到航向重叠、旁向重叠的一致性，如果弯曲太大，则可能会产生航摄漏洞，甚至影响摄影测量的作业。因此，规定航带弯曲度一般不得超过 3%。

（七）像片旋角

相邻两像片的主点连线与像幅沿航带飞行方向的两框标连线之间的夹角称为像片旋角。

三、航空摄影测量系统

（一）无人机测量系统

无人机测量系统是以无人驾驶飞机作为空中平台，以机载测绘遥感设备，如高分辨率 CCD 数码相机、轻型光学相机、红外扫描仪、激光扫描仪、磁测仪等为载体获取地面空间信息，用计算机对图像信息进行处理，并按照一定精度要求制作成 DEM、DOM、DLG 和实景三维模型等测绘产品。

无人机测量系统在设计和优化组合方面具有突出的特点，全面集成了高空拍摄，遥控、遥测技术，视频影像微波传输和计算机影像信息处理的新型应用技术。使用无人机进行小区域遥感测量，已在实践中取得了明显的成效，在国家经济发展和建设发展应用方面积累了一定的经验。

（二）无人机测量的作业流程

无人机测量一般采用"先内后外"的作业方法，在测区概况和已有资料收集完成之后，依照工程项目的技术要求，进行航线规划并设计出航飞参数，在良好的外部条件下完成飞行，利用专业的数据处理软件完成数字测量产品的制作。如图 2-5 所示，以常规无人机 DOM 生产为例，说明无人机测量的作业流程。

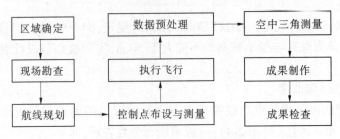

图 2-5　无人机测量的作业流程

1. 区域确定

区域确定需要提供测量区域矩形四角的 WGS-84 坐标。

2. 现场勘查

通过现场勘查，了解测量作业环境及地形情况，拟定起降场地。同时需要结合勘查情况选择无人机及相机，选择无人机时应当充分考虑无人机的续航情况和有效荷载情况，相机的选择主要考虑焦距、像元尺寸、像幅大小、芯片处理速度和镜头质量等因素。最后综合以上情况，提前完成空域申请。

3. 航线规划

按照《低空数字航空摄影规范》（CH/T 3005—2021）的要求，无人机航线规划时应考虑飞行方向、航高、飞行架次与重叠度等参数。其中，航高设计应当充分顾及地形起伏、飞行安全和影像的有效分辨率等因素；重叠度则包括航向重叠度和旁向重叠度。另外，在航线的规划阶段应当考虑区域特殊天气因素的影响。

4. 控制点布设与测量

无人机测量作业前应当进行外业控制测量，主要分为基础控制测量和像片控制点联测，前者保证了后续补测和检查测量具有统一的数学基础，后者提高了测量工作的数学精度。在日常作业中，控制点分为平面控制点、高程控制点和平高控制点，控制点的布设应满足技术指标要求，可根据测区内已有的高等级控制点的分布情况适当加密地面控制点，地面控制点一般要均匀布设，在地形较为复杂或成图精度高的摄影区域，应尽量选择全野外布点方式，便于提高成图精度。测区边角区域加密，大面积纹理区域如水域、森林、农田等边界处需加密。地面控制点标记形状一般有三角标、圆形标、十字标、L 形标等，标志颜色一般建议为蓝色和白色。

5. 执行飞行

由无人机搭载相应的测量组件依照设计好的飞行参数完成测区的飞行和数据采集。主要内容有：设备地面展开、飞行前设备检查、启动动力设备、飞机起飞、到达作业空域开展作业、返回降落等。在执行野外飞行的过程中，应确保无人机的运输和飞行安全。

6. 数据预处理与空中三角测量

数据预处理是通过成片数量、航摄范围、图像质量检查后，将获取的合格影像、相机参数和 POS 资料导入处理软件中，对获取的影像做预处理，包括畸变差改正、Wallis 滤波变换等。

空中三角测量是通过记录相机在曝光瞬间的位置姿态 POS，用三个角元素和线元素来表达,通过影像的内方位元素、同名像点坐标和相对的外方位元素解算地面点坐标。

7.成果制作

通过相应测量软件的处理,生成 4D 产品。以 DOM 制作为例,其主要流程有根据空三加密成果生成粗 DEM,再完成数字微分纠正、正射影像镶嵌与匀色、DOM 裁剪与检查等。

8.成果检查

成果检查见电子资料。

项目实施

任务二　复合翼无人机航空摄影实施

项目实施以 CW-15 大鹏无人机为例进行讲解,该款无人机采用固定翼结合四旋翼的复合翼布局形式,以简单可靠的方式解决了固定翼无人机的起降难题,其具备固定翼无人机航时长、速度高、距离远的优点,又有旋翼无人机垂直起降的功能。因其起降不需要起降跑道的特点,能保证它在山区、丘陵等地形复杂区域顺利作业,极大扩展了无人机应用范围,是目前大面积无人机测绘使用较广泛的一款无人机,如图 2-6 所示。

图 2-6　CW-15 大鹏无人机

为了使飞行任务更加安全、高效,我们推荐由 2 人组成一个机组,并按以下流程进行操作使用:1 人主要负责参数设置、任务规划、飞行控制等地面站软件的操作,1 人进行飞机的组装、检查及异常情况处理等。

一、飞行前准备

(1)电池充电:将无人机电池、遥控器电池、地面基站、电脑等全部充满电,若需要延长地面基站工作时间,还需提前将外接电池充满电。运输期间,电池放置避免高温及低温区域(适宜温度 15~25 ℃),并注意防止碰撞。

(2)地面站准备:提前对控制电脑安装地面站纵横飞图软件,并保证控制电脑电源足够使用。对于较大区域的作业范围,建议提前加载任务区域的地图,规划任务航线,检查航线高程信息,以节省外场工作时间。

（3）尤人机：确认无人机没有在存放或运输过程中导致损坏，并确认各部件放置正确。

二、地面站架设

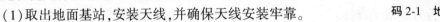

在外场执行飞行任务时，由于基站差分 GPS 需要数分钟进行锁定，因此建议优先将基站进行架设并开机。架设步骤如下：

码 2-1　地面站架设

（1）取出地面基站，安装天线，并确保天线安装牢靠。

（2）将三脚架架设在合适的位置，调节云台大致水平，然后将地面基站通过云台的螺纹接口旋转安装到三脚架上，务必保证安装稳固。

（3）按下地面基站电源开关，大约 10 s 后，LED 灯亮起表示地面基站已经开始工作。

（4）使用控制终端（笔记本）连接地面基站 Wi-Fi，启动地面站软件即可使用。

架设方式如图 2-7 所示。

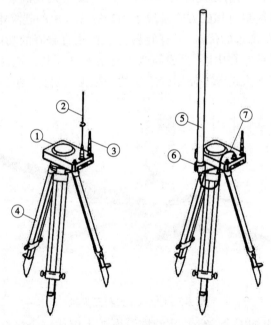

①—地面基站；②—数传天线；③—Wi-Fi 天线；④—三脚架；
⑤—玻璃钢天线；⑥—玻璃钢天线底座；⑦—玻璃钢天线馈线。

图 2-7　地面基站架设

注意：架设基站时，应尽可能远离地面、车辆、建筑等，并无覆盖物，以避免 GPS 信号干扰。

三、无人机的组装与检查

（一）无人机的组装

打开无人机包装箱，按照厂家说明书将飞机组装完毕，具体构造如图 2-8 所示。组装期间，可同时对无人机的各部件进行初步检查，确认

码 2-2　无人机
组装

是否有损坏情况。

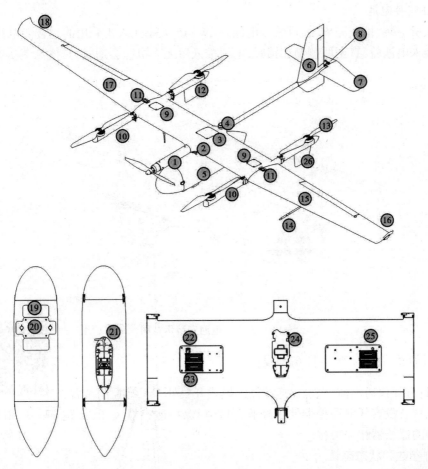

①—前拉动力总成;②—中机翼;③—飞控舱盖;④—外置传感器;⑤—任务舱;⑥—垂尾;⑦—平尾;
⑧—快拆螺钉;⑨—差分天线舱盖;⑩—前旋翼臂;⑪—快拆锁扣;⑫—右后旋翼臂;⑬—螺旋桨;⑭—空速管;
⑮—左外翼;⑯—左航灯;⑰—右外翼;⑱—右航灯;⑲—任务舱底垫;⑳—视觉传感器;㉑—翼台下连接板;
㉒—数传天线座;㉓—电调;㉔—翼台上连接板;㉕—接收机天线座;㉖—左后旋翼臂。

图 2-8　CW-15 大鹏无人机构造

(二)机体检查

机体部分:机身、机翼表面无破损、变形,舱盖无破损,机翼锁扣无损坏。

空速管:空速管无松动、破损、弯折、堵塞。

无人机装配:左右旋翼臂正常展开并锁紧,机身和机翼锁紧,前拉电机总成锁紧,平尾及垂尾锁紧。

控制舵面:飞机的两个副翼舵面、方向舵舵面、升降舵舵面均无破损情况,各舵机安装座紧固,舵机和舵面连杆连接紧固。

旋翼动力:旋翼臂无破损,旋翼电机紧固,螺旋桨安装紧固、无松动。

前拉动力:前拉螺旋桨安装紧固、无破损,桨罩、电机锁紧。

机舱外设备:机舱外的 GPS 天线、备份 GPS 天线、数传天线、外置磁罗盘及其他天线均确认紧固。

(三)安装电池

无人机组装、检查完毕后,可装入电池。CW-15 大鹏无人机采用的是智能电池,将智能电池推入电池舱,直至两侧锁扣锁紧,电池推入后无人机即会通电,具体见图 2-9。

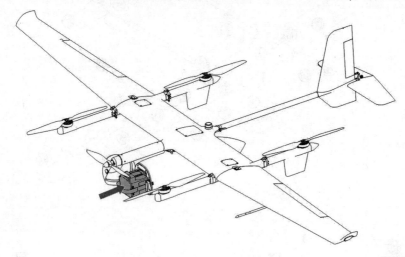

图 2-9　无人机电池安装示意图

四、地面站的检查与任务规划

注意:自驾仪通电前,先确保遥控器的模式开关处于手动控制位置、油门最低! 若没有任何遥控器使用经验,可选择保持遥控器关闭,并跳过下文中的遥控器相关项目。

码 2-3　航线规划

(一)参数和状态确认

显示状态:确认数据链、遥控器状态均正常;传感器自检通过;地图中无人机的位置正确,仪表盘中无人机姿态与实际姿态一致。

电量:主电源电压(满电 50.4V)、地面站电压(满电 12.6 V)均满足任务要求。

GPS 状态:GPS 卫星数稳定,DGPS 状态为 NARROWINT_ RTK:1.0 或 NARROWINT:1.0。

空速:当飞机静止时,空速应稳定在 0 附近或大致等于当前机头迎面风速。

控制器参数:起飞最小高度、降落高度可根据实际环境进行修改;若起飞点海拔较高(2 000 m 以上),可在要求范围内增大爬升系数;其他参数一般不需要改动。

应急处理:应急处理中,确保最低飞行海拔设置正确,并勾选【高度超过限制,终止飞行】;其他参数可根据需求自行选择及设定。

任务设置:正确选择相应的任务设备,并确认设备参数。

(二)任务航线规划

若已经提前规划好任务航线,可直接导入地面站软件,并进行检查。需注意的是,如果航线为提前规划,则规划航线时的拍照间距没有被发送至自驾仪,请检查任务设置中拍照间距是否与预设一致。

规划航线时，尽量按照效率最佳的方式进行规划，并结合任务航线的进入和结束位置调整航路点 H 点、1 点、预回收点、降落前调整点等。选择软件工具栏的【测区类型】按钮（点击【测区类型】后出现【航线规划】按钮），选择【多边形】。根据测区位置和形状，在地图窗口单击鼠标左键完成测区规划。同时，界面会自动弹出测区、设备等信息，右边会切换到航测参数设置界面。点击【规划航线】按钮，可生成航线。

（1）航线生成后，左侧信息框显示出航线的信息，包括任务飞行里程、相对航高/航线间距、地面平均高程/最高点、拍照数/定距距离、作业面积、航点最低/最高/平均海拔、航点数、执飞机型、任务设备、预计飞行时间等。

（2）可自动获取测区基准面高程，用户可以根据具体情况适当修改。

（3）在重叠率和航线角度设置里，提供两种方式调整：滑动滑块、直接点击修改数值。

（4）拖动测区多边形顶点可即时修改测区并生成航线。

（5）系统默认给出 4 个测区进入点，用户根据情况选择。

（6）系统根据机型自动对航线拆分架次。

航线规划完毕后，务必进行航线高度检查，确保航线至少高于地面 100 m 以上。并检查 H 点、1 点、预回收点、降落前调整点的高度、位置及其他属性。一般来说，降落前调整点离地高度在 100～150 m。

所有检查完毕后，将航线发送至自驾仪，并请求远程航线，再次确认航线正确，航线规划如图 2-10 所示。

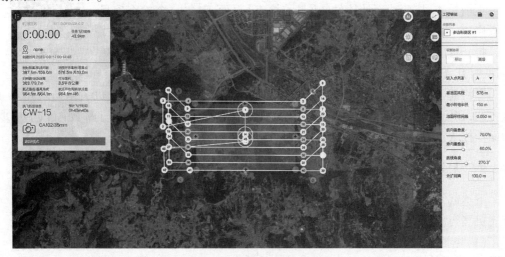

图 2-10　航摄航线规划示例

（三）降落航线规划

规划降落航线时，确保降落方向逆风且无障碍物。整个降落航线不得经过任何高大障碍物上方，且距建筑、树木、铁塔、山体等有足够的安全距离。降落点应远离人员、三脚架等设备或其他障碍物。确保飞机沿航线起飞、降落时，不经过人员头顶上方。

降落航线规划完毕后，务必进行降落航线的高程检查，离线高程预览检查航线高度如图 2-11 所示。

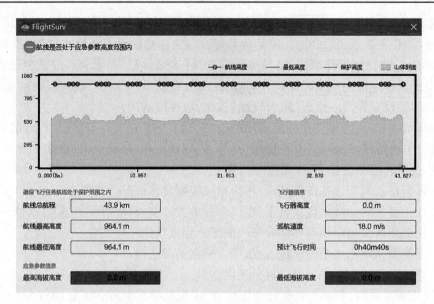

图 2-11　离线高程预览检查航线高度

五、起飞前准备

完成所有飞前准备工作后，进行飞行前的检查。

飞前检查：按照地面站软件的【飞前检查】页面，对每一个检查项目按顺序逐一检查和确认。若任一项目检查不通过则不得起飞。

打开智能避障：打开视觉辅助降落系统，打开前视、下视毫米波避障雷达，打开 ADS-B 系统广播自身位置。

码 2-4　起飞前准备

即将起飞前：将无人机放置在起飞点，移除空速管罩，确认无人机机头指向航路点 1 点方向，清空起飞场地周边的人和物，将遥控器切为自动驾驶状态，油门置于中位，然后地面站操控人员发送起飞指令。

六、无人机起飞

下达起飞指令，飞机离地后，操作人员需要密切注意飞行数据，并观察飞机飞行状态。其中，特别需要注意的数据及状态如下：

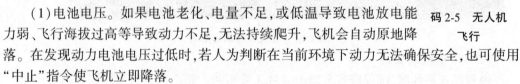

码 2-5　无人机飞行

（1）电池电压。如果电池老化、电量不足，或低温导致电池放电能力弱、飞行海拔过高等导致动力不足，无法持续爬升，飞机会自动原地降落。在发现动力电池电压过低时，若人为判断在当前环境下动力无法确保安全，也可使用"中止"指令使飞机立即降落。

（2）空速。旋翼爬升过程中，空速应大致等于当前迎风风速且较为稳定；若空速较高（例如大于 10 m/s，且环境风较小）且持续增加，可使用"中止"指令立即降落。

（3）加速。飞机在加速过程中，若人为发现任何异常情况，也可以使用"中止"指令使其迫降。

迫降，是指飞机在某些异常情况下，自动转换为多旋翼模式，并就地着陆的过程。

（4）其他。若在旋翼飞行状态下，其他原因导致需要立即中止飞行任务，可使用"中止"指令使其立即降落。

七、飞行状态监控

无人机进入任务航线后，可关闭遥控器。地面站操控人员需保持观察飞行器的各项数据及状态。期间，尤其需要注意的数据及状态有：高度、垂直速率、空速、地速、GPS状态、无人机姿态、数据链等。

（1）高度：固定翼爬升过程中，飞机高度应持续增加，且垂直速率为正值。飞行过程中，无人机的高度一般在目标高度上下浮动，浮动范围一般在10 m以内。若无人机在油门推满的情况下，无人机仍然持续下跌超过20 m，将自动返航至 H 点。若无人机在飞行过程中，无法保持高度并跌至最低飞行海拔以下，将会自动迫降。若勾选并设置了航线保护高度，则无人机下跌超过该高度值，将会自动迫降。

（2）垂直速率：固定翼爬升过程中，无人机的垂直速率一般在 3~6 m/s 及以上，若爬升过程中垂直速率在0附近或为负，则可能动力不足或前拉动力故障，应立即返航降落。当无人机平飞时，垂直速率在0附近波动。

（3）空速：CW-15 大棚无人机的巡航空速为 18 m/s，爬升空速为 17 m/s。在飞行过程中空速值与当前飞行状态对应的空速基本一致。

（4）地速：由于空速是飞机相对于气流的速度，当风速不同时，地速也不同。若空速与地速差值大于 10 m/s，则空中风速过大，会导致飞机姿态较差；若是侧风，则飞机机头指向与飞行方向会有差异。以上情况均会导致飞行数据质量较差，甚至影响飞行安全，因此建议风速过大（超过 14m/s）时，取消飞行任务并返航降落。

（5）GPS 状态：正常情况下，飞机的 DGPS 状态为 NARROWINT_ RTK：1.0 或 NARROWINT：1.0，若 GPS 信号不佳，则为其他状态。若 GPS 状态背景为橙色，且显示备份 GPS 已启用，则主 GPS 已丢失并启用了备份 GPS，需返航降落；若 GPS 状态背景为红色，且卫星数为0，则 GPS 完全丢失，应立即返航。

注意：飞行过程中，若已经启用备份 GPS，则无法进行差分定位，注意降落点可能会有较大偏差。

（6）无人机姿态：无人机的横滚角最大为30°，俯仰角最大为15°，正常情况下均在此范围内。若姿态角度超过此限制，状态栏中飞行数据会红色警示。

（7）数据链：如果数据链断开，则地面站软件右上角的信号强度显示 0%。若数据链断开超过设定时间，将自动返航至 H 点；若飞行总时间超过设定值，且位于 H 点 2 km 以外，将自动返航至 H 点（需勾选并设定）；若飞机在降落点 2 km 以内数据链仍然断开，且超过设定时间，将自动进入降落航线降落。

八、无人机降落

在完成飞行任务，准备降落前，操作人员应注意无人机的飞行状态及降落环境。

降落指令下达前，需要确认遥控器处于自动驾驶挡位，且油门在最低位置，然后打开遥控器。开机后，遥控器油门置于中位，以确保异常状态下的安全接管。再次确认降落方向为逆风,降落航线安全,并确认 DGPS 状态为 NARROWINT_RTK:1.0 或 NARROWINT:1.0。

若降落前风向改变,可按住键盘 Shift 键并用鼠标左键拖动 797 号航路点来旋转整个降落航线。

若 DGPS 状态不是 NARROWINT_ RTK:1.0 或 NARROWINT:1.0,可等待其恢复;若无法恢复,可直接降落,但需注意降落点可能有较大偏差。

下达降落指令,飞机进入降落模式后,操作人员应持续关注飞机的高度、电压、自动驾驶模式等信息。此外,降落期间还需特别注意的有:

(1)固定翼阶段:在降落期间,若无人机高度低于降落高度,无人机将会自动迫降;若无人机一直横偏超限复飞,可在控制器参数中将横偏超限值加大。

(2)悬停阶段:在多旋翼悬停阶段,无人机位置距降落点 10 m 内且不降落,20 s 后会强行降落;若无人机位置距降落点 10 m 外且不降落,1 min 后会强行迫降;多旋翼悬停阶段,若有其他异常情况,也可使用"中止"指令使飞机立即降落。若在多旋翼飞行状态下,遥控器接管为手动控制模式,则飞机将保持悬停状态,此时可通过手动操作降落无人机。

(3)接地:飞机接地且旋翼停止运转后,将遥控器油门收至最低,然后切为姿态模式。若飞机接地后旋翼螺旋桨持续保持怠速转动,可使用"中止"指令使其立即锁定。也可在遥控器切为手动后,内"八"字掰杆锁定。

九、飞行任务结束

码 2-6　无人机拆收

飞机着陆完成后,可下载载荷及自驾仪相关数据。数据下载完成后,需进行飞行质量和影像质量检查,经检查无误后,可将电源断开,关闭遥控器,完成飞机的拆卸和装箱。

数据下载:完成任务后,地面站软件会弹出对话框并询问是否进入数据下载页面,或者也可以在工程管理界面,选择工程并进行数据下载。完整的数据应包含基站 GPS 差分数据、无人机 GPS 差分数据及无人机的位姿数据 POS。航摄像片应从相机内存卡中进行拷贝,纵横飞图数据下载界面如图 2-12 所示。

无人机拆收:打开电池舱盖,向电池舱两侧拉动电池手提带将智能电池取出并妥善保管,防止磕碰。按照展开逆向操作,依次拆下前拉部件、垂尾平尾、左右外翼,折叠旋翼臂、解锁中机翼与机身的翼台。拆下地面基站,准备装箱。

十、飞机的维护与更新

长期不使用时,建议至少一个月进行一次飞行练习,以保持操作熟练度。

(一)机体的基本保养与维护

(1)飞行结束及平时存放,空速管需使用空速罩罩住,避免脏物进入。

(2)无人机存放环境应保持干燥,避免湿润环境对自驾仪传感器测量值的影响。

(二)电池的基本保养与维护

(1)电池储存的环境湿度为不超过 50%,温度为(20±5)℃。

(2)智能电池存放期间会自动放电至储存电压。

(3)电池长期不用时,每 3 个月对电池进行一次充电。

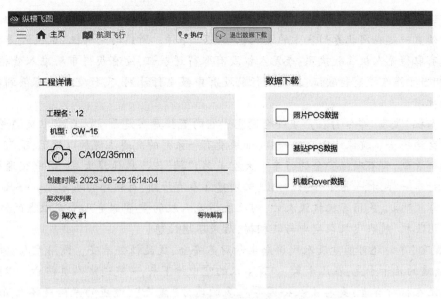

图 2-12　数据下载界面示意

（4）电池使用期间，约 100 次充放电后，性能会开始下降，需要密切注意充电和放电性能。

（5）若电池放电能力明显减弱，用盐水浸泡至电量耗尽，然后进行废弃或联系回收站处理。

（6）冬季及高海拔飞行，应注意电池的加热和保温处理，避免使用时锂电池温度过低而导致放电能力降低。

注意事项

（1）自驾仪通电前，先确保遥控器的模式开关处于姿态模式位置、油门最低！若没有任何遥控器使用经验，可选择保持遥控器关闭。

（2）POS 数据必须在每次飞行完成后立即进行下载，否则将会被新的拍照数据覆盖。若因为自驾仪重启的原因无法请求拍照数据，可根据记忆或回放数据手动输入。基站和移动站的 GPS 数据建议立即下载，以避免多次启动自驾仪导致此前的数据被覆盖。

拓展思考

（1）复合翼无人机航空摄影测量实施流程是什么？

（2）无人机航高如何计算？

（3）影像质量检查有哪些内容？

思政课堂

杜绝无人机"黑飞"，还天空一片宁静

2013 年 12 月 28 日，北京一家不具备航空摄影测绘资质的公司，在没有申请空域的情况下，擅自安排人员操纵无人机升空进行测绘，导致多架次民航班机避让、延误，随后被空军雷达及时监测发现,无人机被空军两架直升机拦截迫降。2015 年 11 月 17 日,空军又及时处置一起在河北涿州发生的无人机"黑飞"事件。所谓的无人机"黑飞",是指驾驶人员没有取得无人机驾驶执照;或无人机没有取得适航证,没有获得市场准入资格,形象地讲,相当于汽车没有行驶证;或是飞行前没有申报飞行计划,飞行空域没有得到有关职能部门批准。

无人机"黑飞"事件存在严重安全隐患。它的直接危害是严重扰乱空中交通管制,危害空中交通安全。就像地面交通一样,如果没有一系列的交通法规加以规范,没有大量的交警指挥管制,哪有顺畅安全的行车。天空虽然广阔,但飞机速度太快,空中交通根本不允许像行车一样,打一把方向、让一让,必须建立在有计划、有秩序的基础上。一只小鸟就能造成军用飞机、民用客机机毁人亡,何况民用无人机的重量都是几千克以上的铁疙瘩,如果军用飞机、航班飞机在空中与其相撞,后果不堪设想。

"黑飞"事件还可能危及人民群众生命财产安全,扰乱社会治安。民用无人机轻的两三千克,重的几十千克,在几十米、一百多米的空中掉下来,可能造成人员伤亡。以娱乐为目的的无人机所有者,更喜欢在公园等人多的地方"黑飞",造成的危险是不言而喻的。更严重的是,"黑飞"可能危害国家安全。

随着科技的发展,我国无人机技术发展迅猛,已经广泛应用于测绘、农业植保、电力巡检、气象观测、公安执法、灾难救援、快递运输、航拍摄影等行业。近年来,无人机"黑飞"事件频发,危害程度空前。测绘地理信息行业紧跟科技进步步伐,绝大多数企业都在使用无人机进行测绘,作为一名测绘人,在从事无人机测绘的时候一定要遵守国家相关规定,做到合法飞行。

来源:《中国青年报》

项目三　多旋翼无人机低空摄影

项目描述

　　21世纪以来,计算机视觉技术与无人驾驶航空器迅速发展,无人机航空摄影测量将航空器、卫星定位技术、遥感技术、计算机技术有机结合,推动了全数字自动化摄影测量发展。

　　近年来多旋翼无人机凭借其起降灵活、空中悬停、方便智能、操作简单、可靠价廉等特点迅速占领了无人机市场成为主流。相较于固定翼无人机,多旋翼无人机可以近距离、多角度采集拍摄物影像信息,结合定位信息、飞控信息及地面控制点信息,获得生成地形、地面物体高精度三维模型。多旋翼无人机航测突破了传统航测制大比例地形图的精度限制,将测绘成果的精度由分米级提高到厘米级。高精度的信息可以让用户自主测量、按需测绘,并可以满足测绘行业的不同需求,大大减少了测绘人员野外测绘的工作量。

教学目标

　　(1)掌握多旋翼无人机的组成。
　　(2)掌握多旋翼无人机的组装。
　　(3)掌握多旋翼无人机的操控。
　　(4)掌握多旋翼无人机的类别。
　　(5)了解多旋翼无人机低空摄影的优劣势。
　　(6)掌握多旋翼无人机低空摄影的实施。
　　(7)掌握多旋翼无人机低空摄影的质量检查要求。

知识准备

任务一　多旋翼无人机基础知识

一、多旋翼无人机的组成

　　目前基于成本和使用方便的考虑,微型和轻型多旋翼无人机中普遍使用的是电动动力系统,大型、中型、小型旋翼无人机采用燃油发动机系统。本书所讲的多旋翼无人机采用的是电动动力系统。

　　多旋翼无人机主要由机身、电机、电调(电子调速器)和桨叶、脚架、云台、GNSS接收机等组成(见图3-1),为了满足实际飞行需要,还需要配备动力电源、遥控器和遥控接收机、通信链路及飞行控制系统。

(一)机架系统

　　机架是指多旋翼飞行器的机身架,是整个飞行系统的飞行载体。根据机臂个数不同

图 3-1　多旋翼无人机组成结构

分为:三旋翼、四旋翼、六旋翼、八旋翼、十六旋翼、十八旋翼,也有四轴八旋翼等,结构不同,名称也不同。对于四旋翼,有 X 形结构,这也是当下使用较多的控制方式。

(二)起落架

起落架为多旋翼无人机唯一和地面接触的部位,它用于将飞行器垫起一定高度,以便为云台等挂载设备腾出空间,还可以提供降落缓冲,保障机体安全。对起落架的要求是强度要高,结构要牢固,并且要和机身保持相当可靠的连接,能够承受一定的冲力。一般在起落架前后安装或者涂装上不同的颜色,用来在远距离多旋翼无人机飞行时能够区分多旋翼无人机的前后。

(三)电机

电机是多旋翼无人机的动力机构,提供升力、推力等,并且可以通过改变转速来改变飞行器的飞行状态。如图 3-2 所示为一种多旋翼无人机使用的电机。

电机分为有刷直流电机和无刷直流电机两类。

(四)螺旋桨

动力系统的组成中另一个非常重要的部分就是螺旋桨,螺旋桨是通过自身旋转,将电机转动功率转化为动力的装置。在整个飞行系统中,螺旋桨主要

图 3-2　电机

起到提供飞行所需的动能的作用。螺旋桨产生的推力非常类似于机翼产生升力的方式。产生的升力大小依赖于桨叶的形态、螺旋桨迎角和发动机的转速。螺旋桨叶本身是扭转的,因此桨叶角从轴到叶尖是变化的。最大安装角在毂轴处,而最小安装角在叶尖处。轻型、微型无人机一般安装定距螺旋桨,大型、小型无人机根据需要可通过安装变距螺旋桨提高动力性能(见图 3-3)。

(五)电池

电动多旋翼无人机上电机的工作电流非常大,需要采用能够支持高放电电流的动力可充电锂电池供电(见图 3-4、图 3-5)。在整个飞行系统中,电池作为能源储备,为整个动力系统和其他电子设备提供电力来源。目前,在多旋翼飞行器上,一般采用普通锂电池。

(a)

(b)

图 3-3　尼龙桨

图 3-4　普通锂电池

图 3-5　智能锂电池

（六）其他组件

其他组件包括 GNSS 接收机、相机云台、电机、SD 卡槽、视觉避障、SIM 卡槽等（见图 3-6）。

二、多旋翼无人机组装

（1）将电池、螺旋桨叶、SD 内存卡安置于无人机飞行器内，取下云台锁扣准备飞行器。
①按图 3-7 所示的箭头方向移除云台锁扣。

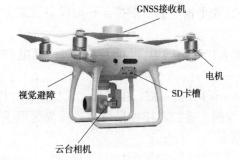

图 3-6　无人机其他组件

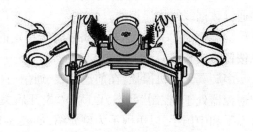

图 3-7　移除云台锁扣

②安装螺旋桨。准备一对有黑圈的螺旋桨和一对有银圈的螺旋桨,将印有黑圈的螺旋桨安装至带有黑点的电机桨座上,将印有银圈的螺旋桨安装至没有黑点的电机桨座上。将桨帽嵌入电机桨座并按压到底,沿锁紧方向旋转螺旋桨至无法继续旋转,松手后螺旋桨将弹起锁紧,见图3-8。

图 3-8　螺旋桨安装

③安装智能电池。将电池以图3-9所示的方向推入电池仓,注意直到听到"咔"的一声,并确认上下卡扣均扣到位,以确保电池卡紧在电池仓内。

(2)打开遥控器(电源按钮短按长按),调节遥控器相关挡位。遥控器采用外置可更换式智能电池,方便长时间连续作业使用。①下滑遥控器背面的电池仓盖锁扣以打开仓盖;②将智能电池装入电池仓,并向上推到顶;③合上仓盖,见图3-10。

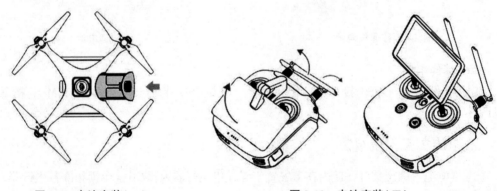

图 3-9　电池安装(一)　　　　　　　　　图 3-10　电池安装(二)

(3)调整遥控器天线及移动设备支架位置,安放平板电脑于遥控器移动设备支架上,并通过数据线连接遥控器。

(4)将组装好的无人机设备放置于指定的无人机起降场地,再对无人机进行通电(电源按钮短按长按)。

多旋翼无人机操控:在前述安装、通信、自检无误以后,可进行多旋翼无人机操控。谨记遥控器处于"控制"状态,也就是"先开后关"准则。遥控器摇杆操控方式分为美国手、日本手和中国手,以美国手为例介绍,如表3-1所示。

表 3-1 无人机操控

示意图	操控方法
	 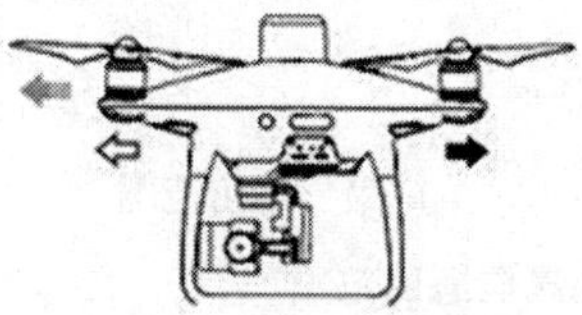 俯仰杆用于控制飞行器前后飞行。 往上推杆,飞行器向前倾斜,并向前飞行;往下拉杆,飞行器向后倾斜,并向后飞行;中位时飞行器的前后方向保持水平。 摇杆杆量对应飞行器前后倾斜的角度,杆量越大,倾斜的角度越大,飞行的速度也越快
	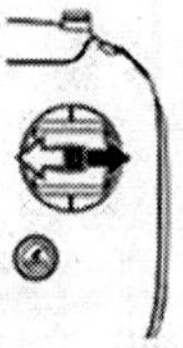 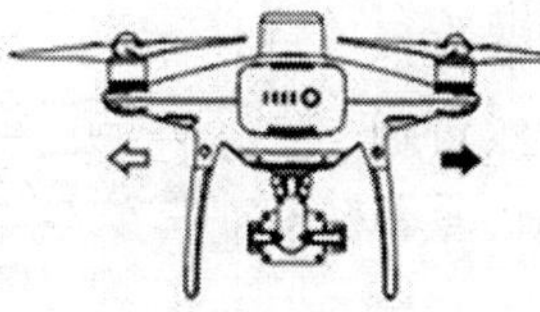 横滚杆用于控制飞行器左右飞行。 往左打杆,飞行器向左倾斜,并向左飞行;往右打杆,飞行器向右倾斜,并向右飞行;中位时飞行器的左右方向保持水平。 摇杆杆量对应飞行器左右倾斜的角度,杆量越大,倾斜的角度越大,飞行的速度也越快
	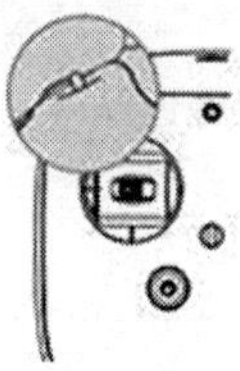 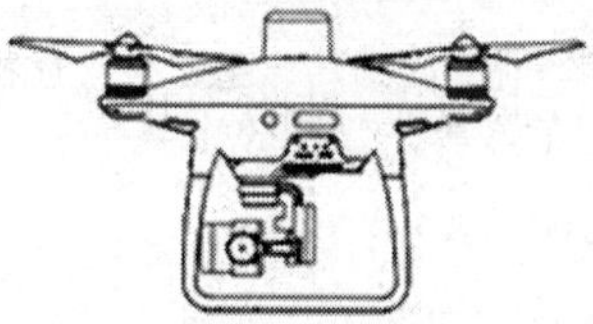 自动飞行过程中,拨动急停开关可退出自动飞行,飞行器将于原地悬停
	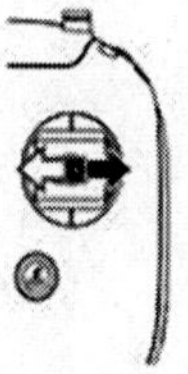 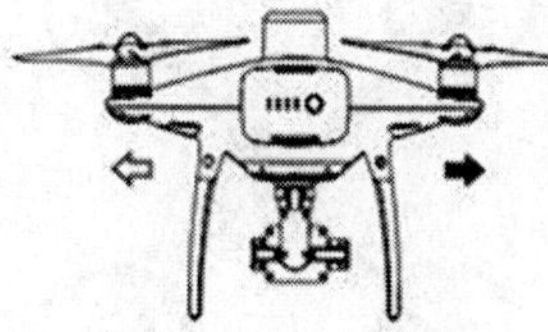 横滚杆用于控制飞行器左右飞行。 往左打杆,飞行器向左倾斜,并向左飞行;往右打杆,飞行器向右倾斜,并向右飞行;中位时飞行器的左右方向保持水平。 摇杆杆量对应飞行器左右倾斜的角度,杆量越大,倾斜的角度越大,飞行的速度也越快
	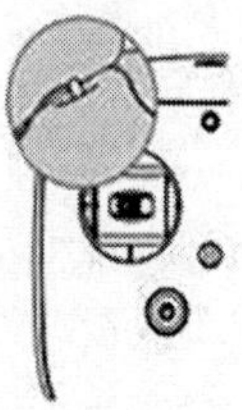 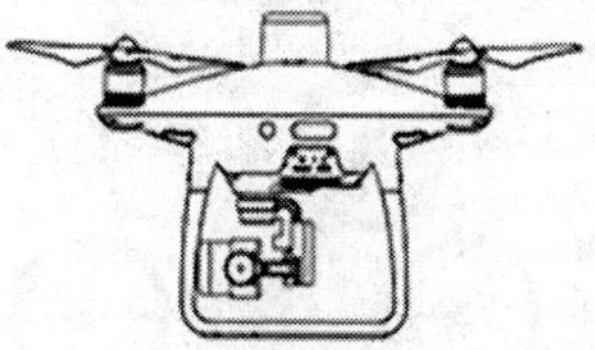 自动飞行过程中,拨动急停开关可退出自动飞行,飞行器将于原地悬停

遥控器信号范围:操控飞行器时,务必使飞行器处于最佳通信范围内。及时调整操控者与飞行器之间的方位与距离或天线位置,以确保飞行器总是位于最佳通信范围内。遥控器信号的最佳通信范围如图 3-11 所示。

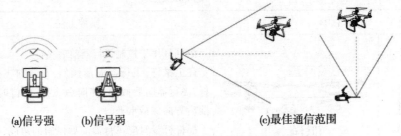

(a)信号强　　　(b)信号弱　　　　　　(c)最佳通信范围

图 3-11　遥控器信号的最佳通信范围

智能返航按键:在突发紧急情况下长按智能返航按键,直至蜂鸣器发出"嘀嘀"音激活智能返航。返航指示灯白灯常亮表示飞行器正在进入返航模式,飞行器将返航至最近记录的返航点。在返航过程中,用户仍然可通过遥控器控制飞行。短按一次此按键将结束返航,重新获得控制权(见图 3-12)。

图 3-12　遥控器一键返航

三、多旋翼无人机的类别

多旋翼无人机按照轴数分三轴、四轴、六轴、八轴等。按照电机个数分三旋翼、四旋翼、六旋翼、八旋翼等。按照旋翼布局分 I 形、X 形、V 形、Y 形等,见图 3-13。按照动力分为油动、电动、混合动力等。

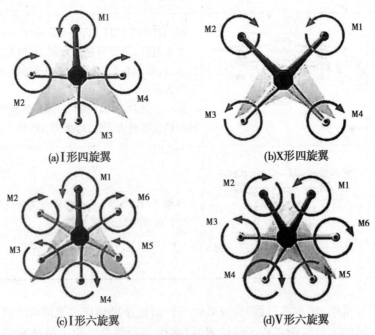

(a)I形四旋翼　　　　　　　　　(b)X形四旋翼

(c)I形六旋翼　　　　　　　　　(d)V形六旋翼

图 3-13　多旋翼无人机分类

四、多旋翼无人机低空摄影的优劣势

近年来,随着无人机市场的发展,多旋翼无人机以其优良的操控性能和可垂直起降的方便性等优点迅速获得了广大消费群体的关注,成为迄今为止最热销的产品。多旋翼无人机相较于其他无人机具有得天独厚的优势,与固定翼飞机相比,它具有可以垂直起降、定点盘旋的优点;与单旋翼直升机相比,它没有尾桨装置,因此具有机械结构简单、安全性高、使用成本低等优点。

多旋翼无人机低空摄影的优势:

(1)在操控性方面,多旋翼无人机的操控是最简单的。它不需要跑道便可以垂直起降,起飞后可在空中悬停。它的操控原理简单,操控器 4 个遥感操作对应飞行器的前后、左右、上下和偏航方向的运动。

(2)在可靠性方面,多旋翼无人机也是表现最出色的。

(3)多旋翼无人机没有活动部件,它的可靠性基本上取决于无刷电机的可靠性,因此可靠性较高。相比较而言,固定翼无人机和直升机有活动的机械连接部件,飞行过程中会产生磨损,导致可靠性下降。而且多旋翼无人机能够悬停,飞行范围受控,作业距离短,相对固定翼无人机而言,多旋翼无人机更安全。

(4)在勤务性方面,多旋翼飞行器的勤务性是最高的。

(5)多旋翼无人机结构简单,如果电机、电子调速器、电池、桨叶和机架损坏,很容易替换。而固定翼无人机和直升机零件比较多,安装也需要技巧,相对比较麻烦。

(6)环保、噪声小、体积小、质量轻、成本低、携带方便,适合多平台、多空间使用。

多旋翼无人机低空摄影的不足:

(1)飞行不稳定,易受外部气流影响,轻型测绘作业无人机容易偏离航线。

(2)飞行速度慢。对于要求高空、高速度的镜头无法实现。

(3)飞行距离较短,续航性能弱。续航能力弱一向都是多旋翼无人机的劣势,主要还是由于多旋翼拉力的变化是通过直接改变旋翼转速来实现的,这就注定了其能量转换效率要相较于通过改变桨距的直升机旋翼要来得低。

(4)负载能力低。其总的旋翼桨盘面积小,相同拉力下桨盘载荷就会大很多,对应的功率需求就更大,因而负载能力就会弱得多。

项目实施

任务二　多旋翼无人机航空摄影

近年来随着无人机航空摄影技术的进步,越来越多的测绘工作应用无人机获取影像数据。无人机体积小巧、机动灵活、生产效率高、综合成本低,在小区域和飞行困难地区的高分辨率影像快速获取方面具有明显优势。多旋翼无人机局部中、小范围大比例测图更是备受青睐,借助现有飞控软件可以很容易实现无人机智能飞行和数据采集。无人机航测外业飞行主要可以分为航摄准备、航摄设计、数据采集、质量检查等,市面上比较常用的无人机飞控软件有大疆创新 DJIGO、智行、RechGo、Pix4D Capture 等。不管何种软件,航

摄设计主要操作步骤包括设备连接、参数设置、航线规划、飞行安全检查、智能采集数据。多旋翼无人机作业流程见图 3-14。

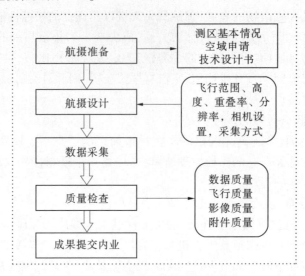

图 3-14　多旋翼无人机作业流程

码 3-1　大疆精灵四 RTK　　　码 3-2　大疆 M300RTK　　　　码 3-3　大疆 M3E
　　　无人机航飞实施　　　　　　　无人机航飞实施　　　　　　无人机航飞实施

一、设备连接

(1)打开飞行器,等待飞行器完成校准准备工作。

(2)打开遥控器,点击遥控器上的启动按钮启动遥控。

(3)打开"DJI GO 4" App,将装有 App 的手机通过 USB 连接线连接到遥控器上,在手机端弹出的选项框里点击 App,点击仅此一次(如果先弹出是否允许访问设备数据,点击【是,访问数据】)。

(4)待系统提示大疆 SDK 激活成功后点击【登录】按钮,进入软件飞控操作界面,进行作业任务选择。

无人机作业类别分类见图 3-15。

二、参数设置

(一)相机参数设置

镜头畸变、快门、云台角度、等距、等时拍摄、像片比例设置,见图 3-16。

(二)航线参数设置

飞行高度设置、分辨率、返航高度设置(见表 3-2),飞行方式设置(仿地、五向、井字、正射等)飞行范围、方向、重叠度、速度等,见图 3-17。

图 3-15 无人机作业类别分类

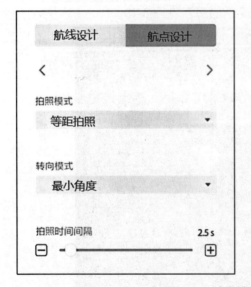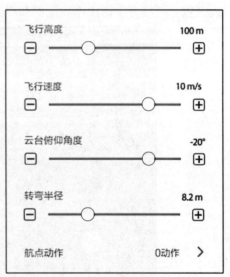

图 3-16 拍照模式及飞行设置

表 3-2 飞行参数

项目	两向飞行	五向飞行
飞行高度/m	100	100
飞行面积/km²	0.12	0.12
航向重叠度/%	80	正射:70,倾斜 80
旁向重叠度/%	80	正射:70,倾斜 80
相机角度/(°)	−60	−60

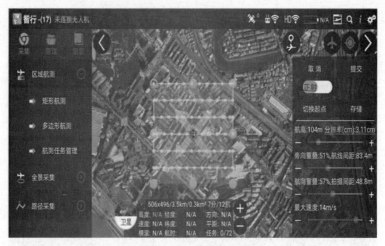

图 3-17　航线设置模式

(三)其他设置

RTK 设置(设置接收 RTK 信号的三种方式)、指南针校正设置、操控设置、KML 范围线导入设置。可以方便确定作业范围和提高定位精度,见图 3-18。

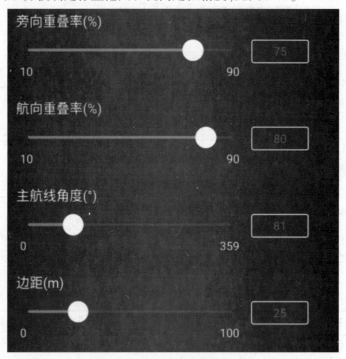

图 3-18　无人机定位模式设置

三、安全自检

上传作业航线后,智能作业之前重要的安全自检,确认电池、返航高度、指南针状态、SD 状态、相机状态等信息,是保障作业顺利完成的重要步骤,见图 3-19。

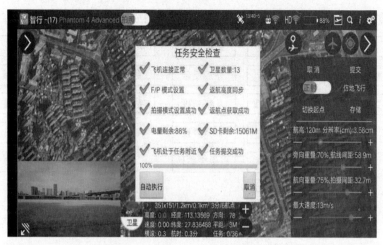

图 3-19　无人机作业安全自检

四、无人机自动数据采集

本阶段无人机按照设定的航线进行影像数据采集及 POS 数据记录,操作人员需关注遥控信号、图传信号是否正常,飞行过程的轨迹、高度、速度、电池电量是否正常,直至任务完成,见图 3-20。

图 3-20　无人机自动数据采集

五、无人机低空摄影质量检查

航空摄影成果质量检查包括对航空摄影成果的飞行质量、影像质量、数据质量及附件质量进行检查。飞行质量检查主要包括影像重叠度、像片倾角与旋偏角、航高保持、航线弯曲、航摄漏洞、摄区覆盖等内容;影像质量检查主要包括影像最大位移、清晰度、曝光等内容;数据质量检查主要包括数据完整性、数据组织的正确性等内容;附件质量检查主要是对提交资料的完整性和正确性进行检查;飞行质量与影像质量检查是整个航摄质量检查工作的主体,其中影像质量可通过统计分析进行质量评定,但是与地物目标有很强的相关性,统计信息不能真实地反映影像质量特性。因此,影像质量检查中人工目视检查必不可少,而重叠度、像片倾角与旋偏角是飞行质量检查中工作量最大的检查内容,见图3-21。

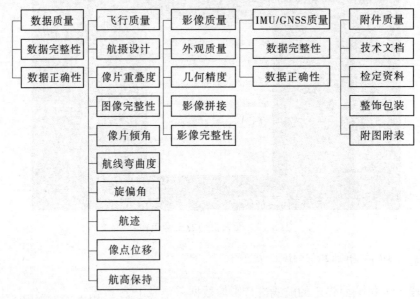

图 3-21　无人机低空摄影质量检查

注意事项

无人机飞行航线任务规划要牢记以下4个因素。

1. 飞行环境限制

执行任务时,遇到如禁飞区、障碍物、险恶地形等复杂地理环境,飞行过程中应避开这些区域,将这些区域在地图上标识为禁飞区域,提升无人机的工作效率。根据气象预测,应避开大风、雨雪等复杂气象条件下的飞行任务,并采取应对机制。

2. 无人机物理限制

(1)最小转弯半径。无人机飞行转弯形成的弧度受到自身飞行性能限制,限制无人机在特定的转弯半径内转弯。

(2)最大俯仰角。限制航迹在垂直平面内上升和下滑的最大角度。

(3)最小航迹段长度。限制无人机在改变飞行姿态前必须直飞的最短距离。

(4)最低安全飞行高度。限制通过任务区域最低飞行高度。

3. 飞行任务要求

无人机飞行任务主要包括到达时间和目标进入方向等,需满足如下要求:

(1)航迹距离约束,限制航迹长度不大于预先设定的最大距离。

(2)固定的目标进入方向,确保无人机从特定角度接近目标。

4. 实时性要求

当预先具备完整精确的环境信息时,可一次性规划自起点到终点的最优航迹,而实际情况是难以保证获得的环境信息不发生变化;另外,由于任务的不确定性,无人机常常需要临时改变飞行任务。在环境变化区域不大的情况下,可通过局部更新的方法进行航迹的在线重规划;而当环境变化区域较大时,无人机任务规划则必须具备在线重新规划功能。

拓展思考

（1）多旋翼无人机是如何实现前进后退、旋转的？

（2）多旋翼无人机在立面、贴近摄影测量中的优势有哪些？

思政课堂

国产测绘设备助力珠峰高程测量

2020年5月27日11时，珠峰高程测量登山队携带国产测量仪器，克服重重困难，成功从北坡登上珠穆朗玛峰峰顶。登顶后，测量登山队员使用由上海华测导航技术股份有限公司提供的国产GNSS接收机通过北斗卫星导航系统进行高精度定位测量。应用北斗卫星导航系统进行高精度定位，是2020珠峰高程测量的一项重要技术创新，GNSS接收机是关键设备。

据了解，2005年珠峰高程测量中，测量登山队员携带卫星导航定位仪登顶进行了测量。但当时我国北斗系统处于试验阶段，无法解决高精度测量需求，卫星导航定位仪测量主要依赖美国GPS，高精度卫星导航定位测量设备都是进口产品。15年来，随着北斗卫星导航系统的不断发展，国产高精度GNSS接收机经历了OEM板、天线、芯片"从无到有、从有到优"的发展历程。射频芯片、基带芯片、天线等基础类产品也已完全国产化。从近几年GNSS接收机新产品型式评价试验情况来看，国产GNSS接收机及核心元器件不仅实现了国产化，性能和质量已经达到国际先进产品。

为确保GNSS测量设备在低温环境下能正常工作，华测导航按照珠峰高程测量要求，从元器件到配套的线缆、配件均选用高质量等级的宽温产品，天线线缆选用耐低温材质，确保在低温条件下不会开裂，传输信号不会衰减。为了确保设备在低气压环境下稳定工作，在器件选型上，华测导航提供的GNSS接收机选用的元器件避免存在液态或密闭有腔体的情况；在产品设计上，整机装有防水透气阀，保证内外压力一致；在质量控制上，对元器件和整机开展二次筛选工作，并在最低25 kPa的低气压环境（对应海拔10 000 m高度）下进行不同低温和低压的组合测试，确保设备能在峰顶的恶劣环境下正常工作。

"新中国成立后直到2005年，在我国进行的历次珠峰高程测量中，进口测绘设备都是主角。党的十八大以后，中国制造以前所未有的广度和深度参与国际社会的方方面面，国际领先的产品在各行各业不断出现。在这样的大背景下，用国产测量设备测量珠峰高度水到渠成。"2020珠峰高程测量技术协调组组长、中国测绘科学研究院研究员党亚民表示，成功登顶珠峰，意味着我国自主测绘装备经受住了重重严苛考验，体现出国产测绘技术装备强大的研发能力、先进的技术水平。

"在2020珠峰高程测量整个组织过程中，自然资源部始终坚持自主创新、科技引领的理念，不断推动我国测量装备迈向更高水平。"自然资源部国土测绘司司长武文忠表示，"成功登顶测量向世界证明了我国自主研发的测量装备完全有能力、有实力承担这样的国家任务，国产测绘装备总体技术和产品已经达到世界级先进水平，中国测绘人只能依赖进口装备测量珠峰高程的历史已一去不复返！

来源：中华人民共和国自然资源部网站

项目四　像片控制测量

项目描述

　　控制测量是为了保证空三的精度、确定地物目标在空间中的绝对位置。在常规的低空数字航空摄影测量外业规范中,对控制点的布设方法有详细的规定,是确保大比例尺成图精度的基础。倾斜摄影技术相对于传统摄影技术在影像重叠度上要求更高,已有规范中有些关于像控点布设要求不适用于高分辨率无人机倾斜摄影测量技术。无人机通常采用 GNSS 定位模式,自身带有 POS 数据,对确定影像间的相对位置作用明显,可以提高空三计算的准确度。

教学目标

　　(1)掌握像片控制点的概念。

　　(2)掌握无人机低空摄影测量像控种类。

　　(3)掌握无人机低空摄影像控测量布设原则。

　　(4)掌握无人机低空摄影像控测量方法。

知识准备

任务一　像片控制点测量基础知识

一、像片控制点的概念

　　地面控制点(ground control point, GCP)是表达地理空间位置的信息数据,归结为空间位置信息、点位局部影像、点位特征描述及说明、辅助信息,在航空摄影测量中也称作像片控制点,简称像控点。

　　像控点有两个重要的用途:一是作为定向点使用,用于求解像片成像时的位置和姿态及控制误差的累积;二是作为检查点使用,用于检查生产成果的精度,检查方式是在成果数据中找到检查点的影像位置,测量其坐标,然后与控制点坐标进行对比。

　　像控点是摄影测量控制加密和测图的基础,像控点点位选择的好坏和点位精确度直接影响航测内业成果精度。

二、无人机摄影测量像控分类

(一)像控点按维度分类

　　(1)平面控制点。野外只测定点的平面坐标,简称平面点,一般用 P 表示。

　　(2)高程控制点。野外只测定点的高程,简称高程点,一般用 G 表示。

　　(3)平高控制点。野外同时测定点的平面坐标和高程,简称平高点,一般用 N 表示。

（二）像控点按材质分类

（1）现成像控点。借助已有的路拐角、斑马线、隔离线、示向线等作为像控点（见图 4-1），不需要喷涂、长期稳定存在。缺点是容易受车辆、通行影响，不容易辨识。

图 4-1　现成像控标志

（2）标靶像控点。打印印刷的像控标志（见图 4-2），直接放置于测区，易于实现均匀布点，可回收利用、低碳环保。缺点是容易被人为移动或者风吹动，飞行中需人看护。

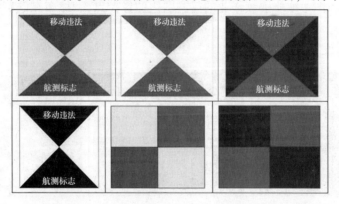

图 4-2　标靶像控标志

（3）喷涂像控点。指利用喷漆、油漆、石灰喷画（洒）出来的像控点（见图 4-3），喷涂点保存时间长、位置固定、可待飞行结束后再采集坐标。缺点是耗时长且不太容易找到油漆喷涂位置，转角不明显。

图 4-3　喷涂像控点

三、无人机摄影像控测量布设原则

（1）在一般情况下像控点按图幅、测区、线路、高程均匀布设，也可以按航线布设或采取区域网布设。

（2）位于不同成图方法、不同航线、不同航区分界处的像片控制点，应分别满足不同成图方法的图幅或不同航线和航区各自测图的要求，否则应分别布点。

（3）在野外选刺像控点时，不论是平面点、高程点，还是平高点，都应选刺在明显目标点上。

（4）像控点的布设，应尽量使内业所用的平面点和高程点合二为一，即布设成平高点。

（5）像控点尽可能在航测飞行前布设地面标志，以便提高刺点精度，增强外业控制点的可取性。

（6）位于自由图边或非连续作业的待测图边的像控点，一律布在图廓线外，确保成图满幅。

像控测量布设示意见图 4-4。

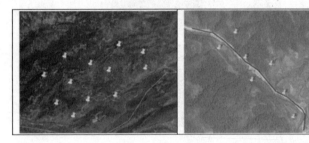

图 4-4　像控测量布设示意

任务二　像控点采集方法

随着定位技术的进步、RTK 测量精度的不断提高及网络 CORS 的推广，利用 RTK 模式测量像控点已经成为最主流的测量方式（见图 4-5）。不仅可以满足像控点规范精度要求，作业范围也在不断扩大，效率大大提高。

一、GNSS-RTK 仪器连接

方式一：主机开机后，将手簿背面 NFC 区域贴近接收机 NFC 处，听到"滴"的一声代表手簿已经识别到主机，LandStar7 软件会自动打开，连接主机并提示"已成功连接接收机"。

方式二：主机开机后，打开 LandStar7 软件，点击【配置】界面的【连接】。使用蓝牙/Wi-Fi 连接接收机，目标蓝牙/Wi-Fi 名称为接收机的 SN 号（蓝牙/Wi-Fi 密码会自动匹配），点击【连接】，连接成功后 LandStar7 会提示"连接成功"。

图 4-5　像控测量示意

二、GNSS-RTK 工作模式设置

(一)模式一:基站双发+移动站双收模式

1. 特点

(1)基站、移动站一键设置。

(2)基站电台、网络超级双发。

(3)移动站电台、网络智能双收。

2. 基站双发设置

手簿连接基站,点击【基站设置】,选择【超级双发】,点击【一键启动】,见图 4-6。

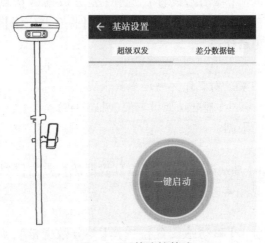

图 4-6　手簿连接基站

3. 移动站双收设置

手簿连接移动站,点击【移动站设置】,选择【超级双收】,点击【搜索附近的基站】或输入基站 SN 号,点击【启动】。

(二)模式二:外挂电台模式

1. 特点

(1)作业距离相对较远。

(2)不受网络条件的限制。

(3)可设置多台移动站同时使用(见图 4-7)。

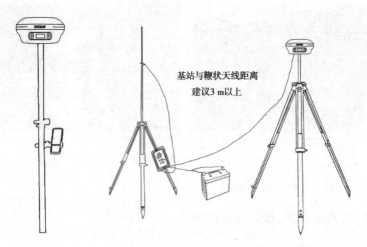

基站与鞭状天线距离
建议3 m以上

图 4-7　外挂电台模式

2. 基站设置

手簿连接基站,点击【基站设置】,选择【差分数据链】,点击【默认:自启动基准站–外挂电台(115200)】,点击【应用】。

3. 移动站设置

手簿连接移动站,点击【移动站设置】,选择【差分数据链】,点击【新建】,选择【电台】,修改电台协议和信道与外挂电台保持一致,点击【保存并应用】。

(三)模式三:内置电台模式

1. 特点

(1)作业距离为 2~3 km,对工作区域环境要求高。

(2)外出作业携带设备少,基准站架设方便(见图 4-8)。

(3)不受网络环境的限制。

2. 基站设置

手簿连接基站,点击【基站设置】,选择【差分数据链】,点击【默认:自启动基准站–内置电台】,点击【应用】,见图 4-9(a)。

3. 移动站设置

手簿连接移动站,点击【移动站设置】,选择【差分数据链】,点击【默认:自启动移动站–华测电台】,点击【应用】,见图 4-9(b)。

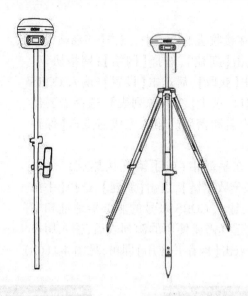

图 4-8　内置电台模式

图 4-9　内置电台模式手簿设置

(四)模式四:CORS 模式

1. 特点

(1)需要有能在当地使用的 CORS 账号。

(2)外出作业时只需携带移动站(见图 4-10)。

(3)不必每天校准控制点。

2. 移动站设置

Case1：手机卡安装在接收机的卡槽中，点击【移动站设置】，
选择【差分数据链】，点击【新建】，选择【网络】；网络协议：
CORS；APN 设置：先点击【获取】，后点击【设置】；输入 CORS
账号的服务器地址和端口，点击【获取源列表】，选择需要使
用的源列表后，输入用户名和密码。输入完成后点击【保存
并应用】即可，见图 4-11(a)。

Case2：手机卡安装在手簿中（或手簿连接热点），点击
【移动站设置】，选择【差分数据链】，点击【新建】，选择【手簿
网络】；网络协议：CORS；输入 CORS 账号的服务器地址和端
口，点击【获取源列表】，选择需要使用的源列表后，输入用户
名和密码。输入完成后点击【保存并应用】即可，见图 4-11(b)。

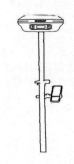

图 4-10　单机站
CORS 模式

(a)　　　　　　　(b)

图 4-11　CORS 模式手簿设置

三、新建工程及设置

新建工程，在【项目】界面→点击【工程管理】→【新建】，输入工程名、选择坐标系、选
择投影模型，输入提供的中央子午线，如果未提供中央子午线，可以点击中央子午线右侧
向下箭头，获取当地中央子午线，点击右下角【接受】（见图 4-12），最后点击【确定】即可。

四、点校正

(一)录入控制点

方法一：在【项目】界面→【点管理】→添加控制点，输入点名称和对应的坐标，然后点

击【确定】即可。

图 4-12　像控点采集工程设置

方法二:点击【点校正】界面的【添加】,在已知点的位置输入控制点的点名和坐标。

（二）采集控制点及参数计算

方法一:打开【点测量】界面,点击测量图标⌷采集坐标。

方法二:点击【点校正】界面的【添加】,点击【添加】界面的 GNSS 测量图标⌷测量控制点。在界面【点校正】→高程拟合方法选【TGO】→点击【添加】(GNSS 点:采集的控制点坐标,已知点:输入的控制点坐标)→使用方式选择【水平+垂直】。依次添加完参与校正的点对,点击【计算】→【应用】→软件提示:是否替换当前工程参数,选择【是】→点击【坐标系参数】界面右下角【应用】(见图 4-13)。最好选择对控制点进行校正,以保证测量精度。

注意事项:水平残差≤2 cm,高程残差≤3 cm。

五、点测量

(1)打开【点测量】界面,在测量前输入点名和仪器高。

(2)对中杆立在控制点上,水准气泡居中后将对中杆扶稳。

(3)点击测量图标⌷,选择控制点,采集完成后测量点会自动保存至点管理(见图 4-14)。

图 4-13 坐标参数转换

图 4-14 点测量界面

项目实施

任务三 像片控制测量实施

　　某学校拟进行校区 1∶500 地形图测绘,采用无人机低空倾斜摄影测量获取该校区实景三维模型,经过实地考察,该区域地形平坦,有较多明显、规则地物标志可以作为像控点。沿着学校周围选取道路黄线、停止线交叉处等 4 个像控点:XK1、XK2、XK3、XK4,在学校内部选取两个球场边线拐角点 XK5、XK6。采用 KM-CORS+高程拟合模式进行数据采集,采用手扶

码 4-2 像片控制点的测量

立杆平滑方式采集像控点的坐标。中央子午线为102°,坐标系统采用2000国家大地坐标系(CGCS2000)。

一、像控点平滑测量

平滑采集的数据是根据多个历元采集点的结果求得的(见图4-15),平滑次数默认为10次,平滑方式有平均、加权平均、窗口平滑、中值滤波。

图4-15　平滑采集像控点坐标

二、像控点坐标成果整理

对像控点坐标进行测量精度检查、带号处理及格式转换。注释中央子午线和坐标系统、高程基准,方便软件设置。

码4-3　像片控制成果整理

(一)像控坐标的整理

(1)按测图区域分地块进行像控点坐标整理(见表4-1)。

(2)按测图要求进行像控点的投影带号整理,有时需要在东坐标前加入带号。

(3)按软件格式要求进行像控点的格式转换,如dat转化为txt或者csv。

表4-1　像控点坐标整理

像控点	X	Y	Z	说明
XK1	××5 618.688 3	××4 577.075 9	1 859.230 0	
XK2	××5 695.938 2	××4 814.432 3	1 859.866 3	
XK3	××6 083.679 8	××4 623.058 6	1 859.431 4	中央子午线 102°
XK4	××5 959.510 7	××4 410.889 6	1 858.910 3	坐标系统 CGCS2000
XK5	××5 878.949 6	××4 621.349 7	1 859.994 0	国家 1985 高程基准
XK6	××5 759.683 5	××4 661.485 0	1 860.090 8	

(二)像控分布示意图、点之记的整理制作

对于利用现有路面标志或区域较大时,为了方便内业像控刺点,制作像控点点之记及分布示意图,可以提高作业效率和精度。

(1)像控分布示意图制作(见图4-16)。

(2)像控点远近照片整理及点之记制作。

图4-16　像控分布示意图

注意事项

(1)像控点所设的位置应该尽量在空旷的、四周无遮挡或者较少遮挡,以及像控角度为倾斜45°的地方(与地面夹角),尽量保持飞行器能拍到像控点。需考虑像控点被遮挡情况,故选点要避开电线杆下、停车场内,以及有阴影的区域。尽量少在坡度较大的地方布点,如在坡度较大的地方刺点,那么偏差值就会被放大,影响模型精度。

(2)像控点一般应在航向三片重叠和旁向重叠中线附近,布点困难时可布在航向重叠范围内。在像片上应布在标准位置,也就是通过像主点垂直于方位线的直线附近。

(3)像控点距像片边缘的距离不得小于1 cm,因为边缘部分影像质量较差,且像点受畸变差和大气折光差等的影响,位移较大;倾斜误差和投影误差使得边缘部分影像变形大,增加了判读和刺点的困难。

(4)点位必须避开像片上的压平线和各类标志(框标、片号等),以利于明确辨认。为了不影响立体观察时的立体照准精度,规定离开距离不得小于1 mm。

(5)旁向重叠度小于15%或由于其他原因,控制点在相邻两航线上不能公用而需分别布点时,两控制点之间裂开的垂直距离不得大于像片上2 cm。

(6)点位尽量选在旁向重叠中线附近,离开方位线大于3 cm时,应分别布点。

(7)高差较大区域的像控点,需要考虑像控点影像分辨率。在工地或者其他扬尘比较大的地方,以及他人居所门口,像控点容易被覆盖和破坏。

拓展思考

(1)一个区域至少需要多少个像控点?

(2)航飞作业时,航飞前后布设像控点有哪些优劣势?

(3)像控点在空三平差中的作用是什么?

遥感数据的保密性

2017年8月的某一天，两位国家安全机关工作人员突然出现在王某的办公室，经过核查取证，发现王某的计算机里有42份标注密级的地形图。这些地图已经被隐藏的窃密木马程序全部发往境外。

这一切都是因为王某和肖某通过普通邮箱传递涉密资料造成的。王某和肖某既是同事又是朋友。肖某的工作内容之一，就是每年都需要做全市的工程规划布局图。因为王某擅长使用一些电脑应用软件，不会电脑制图的肖某便常常找王某帮忙绘制电子地形图。肖某从档案室借出涉密的地形图后随即扫描成电子版，再通过邮箱从互联网上将图纸发送给王某。王某完成制图后，又通过邮箱将这些地图发送给肖某。如此往来，就使境外间谍情报机关伺机盗取国家秘密的图谋得以实现。后经国家安全机关技术人员的侦查，发现境外间谍情报机关是通过将窃密木马程序隐藏在电子邮件中来实现窃取涉密信息的。

国家安全机关干警说："这个事情涉及国防军工的重点单位，这一块的地形图泄露之后，对他们工厂的生产和安全都造成了很大的安全隐患。"

作为政府机关的工作人员，"涉密不上网"是基本常识，但是肖某和王某却利用互联网多次上传涉密地形图，从而给境外间谍情报机关提供可乘之机，最终给国家国防安全造成了威胁。

卫星遥感数据有可公开和不可公开之分。如果卫星遥感数据中包含有国家秘密、商业秘密等涉密信息或个人隐私等不适宜公开的信息，则不应当未经允许公开或分发。涉及国家秘密的遥感数据关系到国家的安全和利益，若未经允许公开或分发，可能会使国家安全和利益遭受重大损害。涉及商业秘密的遥感数据关系到相关商业主体的财产权利，若未经允许公开或分发，可能会导致他人经济利益受到重大损失。个人隐私是个人所不愿公开的秘密，若公开涉及他人隐私的遥感数据，则可能导致对他人人格权的侵犯。因此，包含国家秘密、商业秘密和个人隐私等未经允许不得公开事项的卫星遥感数据，需要安全有效的保护方式。

在《国家民用卫星遥感数据管理暂行办法》里明确指出，根据可公开性和技术指标差异，遥感数据分为公开数据、涉密数据。第十一条规定：公开的光学遥感数据初级产品空间分辨率不优于0.5 m；公开的合成孔径雷达遥感数据初级产品空间分辨率不优于1 m。《中国测绘职工职业道德规范》中明令指出"确保地理空间信息安全"。

遥感影像为国家经济建设和社会主义现代化提供了多方面的信息服务，应用十分广泛。随着我国高分卫星的不断发展，影像分辨率越来越高，在更广泛、更精确使用遥感影像的同时，必须时刻警惕数据的安全性和保密性。同学们一定要牢固树立保密意识，切记并不是所有的遥感数据都可以公开传播或使用，使用过程中必须要确保地理信息数据的安全性，避免数据泄露。

来源：中国保密在线网站

项目五　　无人机内业数据处理

　　使用 Double Grid 软件基于河南省南阳市某地数据进行 3D 产品制作,要求学生运用课堂教学所学知识与实践教学所掌握的基本操作技能,按照生产的规范要求完成 3D 产品的制作。通过学生自主操作,让同学们能够熟练使用无人机立体摄影测量数据处理软件,并深刻理解 3D 产品的含义,培养和提高学生发现问题、分析问题和解决问题的能力,同时也培养学生踏实认真的学习精神。

教学目标

　　(1)通过 3D 产品制作实践深入理解摄影测量成图的相关知识。
　　(2)掌握摄影测量成图的相关步骤及知识。
　　(3)熟练使用软件进行摄影测量成图。
　　(4)熟练使用软件进行 DEM、DOM、DLG 生产。
　　(5)通过摄影测量成图操作的学习,培养学生独立思考、勇于创新的素质。
　　(6)培养学生结合规范进行测绘成果质量自查的素养。

知识准备

任务一　　无人机内业数据处理基础知识

一、空中三角测量

　　无人机航空摄影测量空中三角测量(简称空三加密)是利用无人机连续拍摄的、具有一定重叠度像片的内在几何特性,依据少量野外地面控制点,以摄影测量方法建立起一个同实地完全一致的数字模型,从而获得更多加密点的三维坐标信息。

二、数字高程模型(DEM)的概念

　　传统的地形图是用等高线和地貌的图式符号及必要的数字注记表示地形起伏,这种图解表示方法比较抽象,不便于地形图的修复、存放和检索。此外,由于地形图的负载量是有限的,地面的很多信息不能直接表示在地形图上,而且成图过程不便于自动化。随着计算机的发展、工程设计自动化和建立地形信息系统的需要,出现了以数字方式表示地面的起伏形态,即数字高程模型(DEM)。

三、数字正射影像(DOM)

　　DOM 同时具有地图几何精度和影像特征,精度高、信息丰富、直观真实、制作周期短。

它可作为背景控制信息,评价其他数据的精度、现实性和完整性,也可从中提取自然资源和社会经济发展信息,为防灾治害和公共设施建设规划等应用提供可靠依据。数字正射影像(DOM)是利用数字高程模型(DEM)对航空像片或者遥感影像,经逐个像元进行投影差改正,再按影像镶嵌,根据图幅范围裁剪生成的影像数据,是一种带有千米格网、图廓(内、外)整饰和注记的平面图。

四、数字线划地图(DLG)

数字线划地图(DLG)是摄影测量的主要数字化地图产品之一,也称为数字地形图,是按照一定的比例尺将测区内各地物和地貌要素缩小后,经过制图综合用国标地图符号表达在图纸上的矢量图形数据,是以点、线、面形式和地图特定图形符号形式,表达地形要素的地理信息矢量数据集。

项目实施

任务二　无人机内业数据处理过程

无人机立体摄影测量项目实施以在河南省南阳市采集的无人机影像进行立体摄影测量数据处理讲解,数据处理软件为 Double Grid。

一、建立工程

(一)资料准备

测图所需资料包括影像数据(原始影像)、控制点资料(点位图、点位分布图、控制点坐标)、航飞高度、坐标设置资料、相关技术要求等。

码 5-1　工程新建
与空三

(二)创建工程

(1)打开 Double Grid 软件,在弹出的主界面,鼠标左键单击菜单栏中的【文件(F)】,选择【新建(N)】(见图 5-1)。

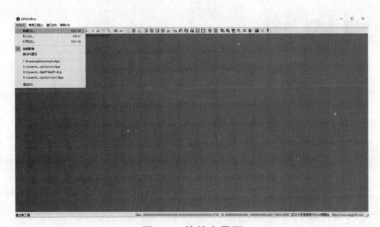

图 5-1　软件主界面

（2）弹出新建工程窗口，鼠标左键单击工程路径后的【浏览】；弹出浏览文件夹界面［见图5-2(a)］，选择盘符(例如：D盘)，鼠标左键单击【新建文件夹(M)】，按要求命名文件(注意：不能是中文、空格等特殊符号)，鼠标左键点击【确定】［见图5-2(b)］。

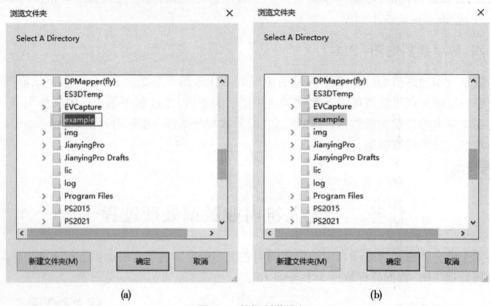

图5-2　数据浏览添加

（3）鼠标左键单击 Image Name 下的【添加影像】，弹出 Select Images 界面，选择航飞获取的原始影像文件夹，将影像数据全部选中，鼠标左键单击【打开(O)】［见图5-3(a)］，软件回到新建工程界面［见图5-3(b)］。

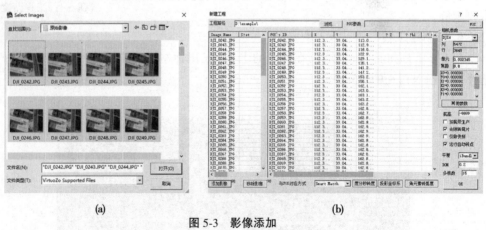

图5-3　影像添加

（4）鼠标左键单击【投影坐系】，弹出【椭球坐标系统设置…】界面，根据控制点坐标系统信息，设置椭球信息、投影系统、中央经线，鼠标左键单击【确定】，见图5-4。

（5）将新建工程界面右下角航高改为实际航飞高度，勾选"去除转弯片"，点击【OK】开始，见图5-5。

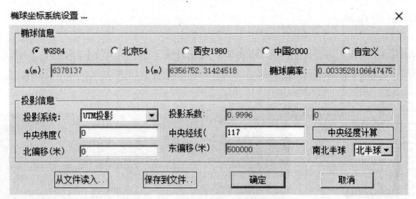

图 5-4　坐标系设置

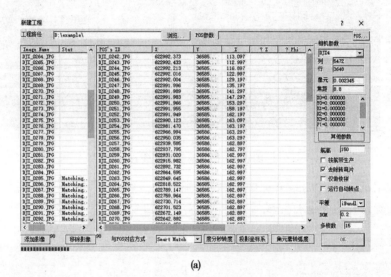

(a)

(b)

图 5-5　新建工程影像匹配

二、空中三角测量

（1）如图 5-6 所示，鼠标左键单击菜单栏中的【定向生产（T）】，选择【空中三角测量】下的【匹配连接点】（或单击工具栏中的匹配连接点图标），进入 Extract TiePoints 界面。

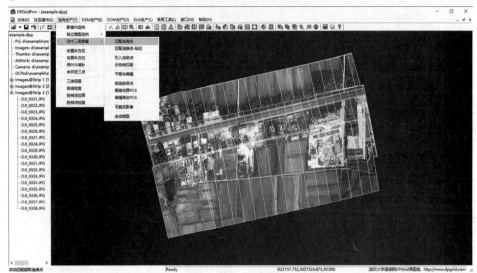

图 5-6　空三影像匹配连接点

（2）在 Extract TiePoints 界面中勾选"精细匹配（做空三必选）"，其他保持默认，鼠标左键单击【确认】，直至运行完成后自动退出界面，见图 5-7。

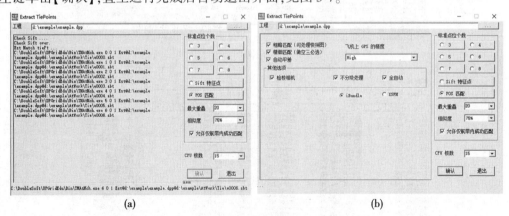

图 5-7　自动提取连接点

（3）鼠标左键单击菜单栏中的【文件（F）】，选择【地面控制点】（见图 5-8），弹出地面控制点参数窗口。

（4）鼠标左键单击【引入】，选择控制点文件，点击【打开（O）】，鼠标左键单击【保存】，如图 5-9 所示。

（5）如图 5-10 所示，鼠标左键单击菜单栏中的【定向生产（T）】，选择【空中三角测量】下的【平差与编辑】（或鼠标左键单击工具栏中的平差与编辑），进入 TMAtEdit 界面。

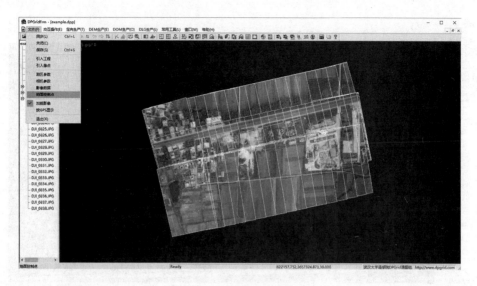

图 5-8　添加地面控制点(一)

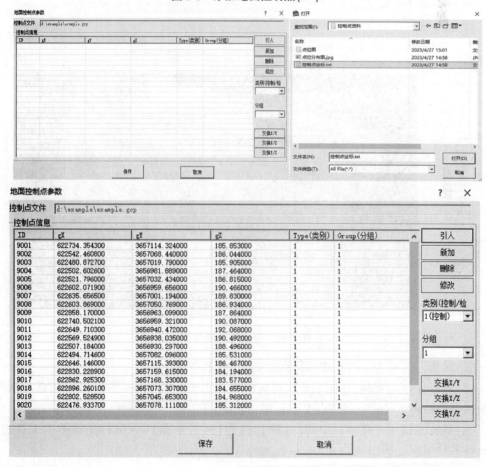

图 5-9　添加地面控制点(二)

图 5-10　平差与编辑界面

（6）鼠标左键单击工具栏中的【匹配加连接点】，见图 5-11。

（7）根据像控点资料，在图上选取对应的控制点进行刺点（见图 5-12），刺点步骤为：先粗刺点再精刺点，每个点位精刺之后，单击【保存】。

（8）鼠标左键单击菜单栏中的【处理】，选择【运行平差】（或鼠标左键单击工具栏中的运行平差图标），弹出 Adjust Frame Camera V2.0 界面（见图 5-13）。

（9）鼠标左键单击【设置…】按钮，弹出 Bundle Adjustment Setup 界面（见图 5-14）。

图 5-11 匹配加连接点

图 5-12 空三刺点

(10)修改控制点精度(平面值和高程值)和 GPS 精度与参数(平面值、高程值,勾选天线分量、航带漂移、线性漂移),其他保持默认,鼠标左键单击【确定】按钮,见图 5-15。

(11)鼠标左键单击【平差】按钮,运行完成后点击【退出】按钮,见图 5-16。

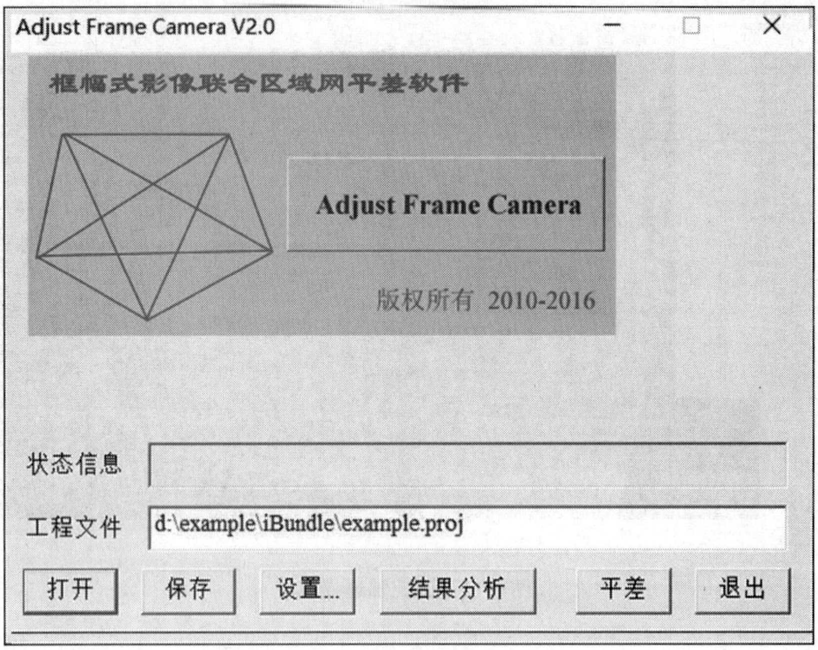

图 5-13　空三平差

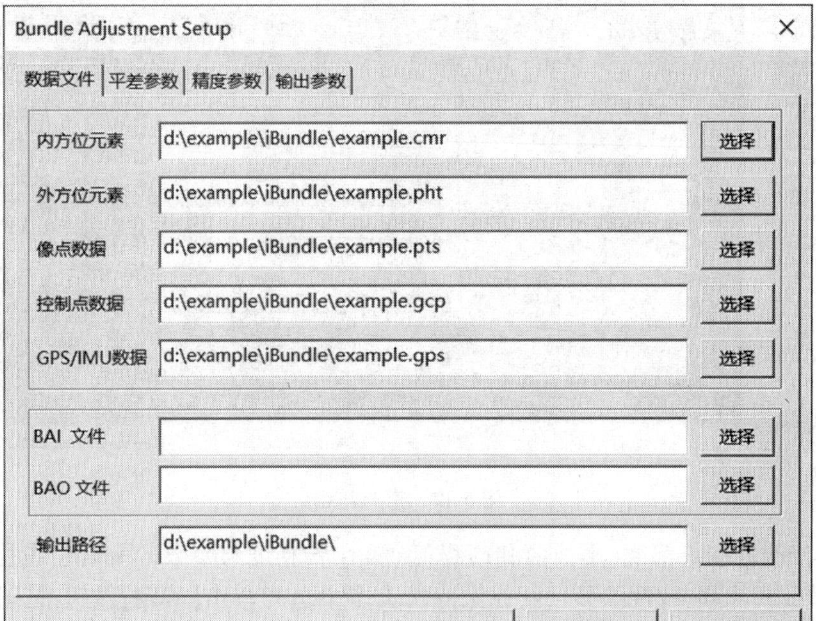

图 5-14　平差设置界面

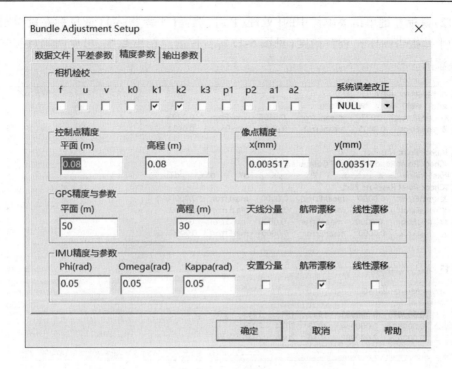

图 5-15　平差设置

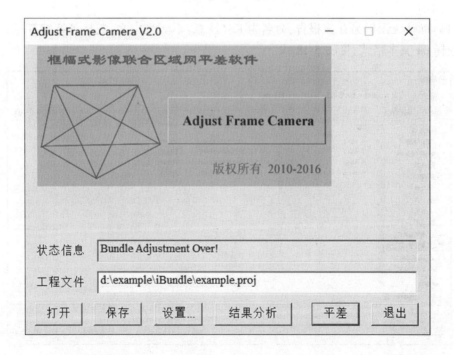

图 5-16　平差

（12）鼠标左键单击菜单栏中的【处理（P）】,选择【平差报告】(或鼠标左键单击工具栏中的平差报告图标）,查看精度（见图5-17）;若控制点精度超限,可返回刺点步骤重新调整或添加。

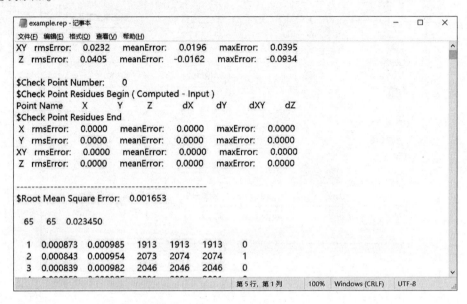

图 5-17　空三报告

（13）确认无误后另存该报告,命名为 KS（注意:不能是中文、空格等特殊符号）,保存类型选择 txt 文本格式,见图5-18。

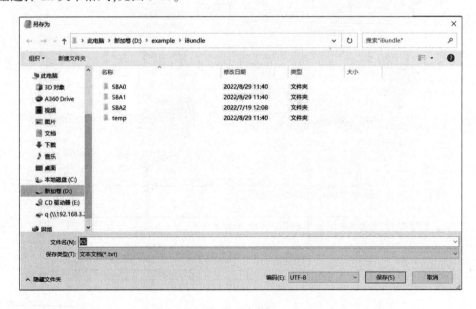

图 5-18　空三报告保存

（14）鼠标左键单击菜单栏中的【处理（P）】，选择【输出方位元素】（或鼠标左键单击工具栏中的输出方位元素图标），见图5-19。

图 5-19　输出外方位元素

（15）鼠标左键单击【是（Y）】（见图 5-20），弹出【成功导出平差成果】。

图 5-20　成功导出空三结果

（16）鼠标左键单击【确定】（见图 5-21），关闭 TMAtEdit 界面。

图 5-21　空三界面关闭

（17）鼠标左键单击菜单栏中的【定向生产（T）】，选择【空中三角测量】下的【生成模型】（见图 5-22），弹出立体模型参数界面。

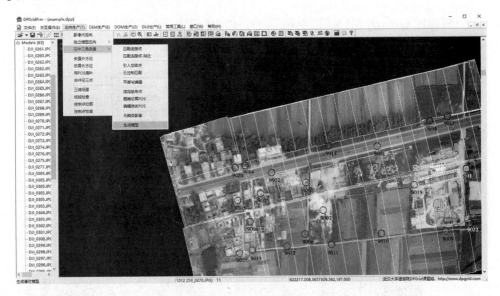

图 5-22　生产立体模型

（18）勾选"航带优先"选项，鼠标左键单击【自动产生】按钮，点击【确认】（见图 5-23）。

图 5-23　自动生产立体模型

三、DEM 生产与编辑

（1）鼠标左键单击菜单栏中的【DEM 生产（E）】，选择【测区密集匹配】（或鼠标左键单击工具栏中的测区密集匹配图标），见图 5-24，弹出 DPGridFrm 界面。

码 5-2　DEM 生产编辑

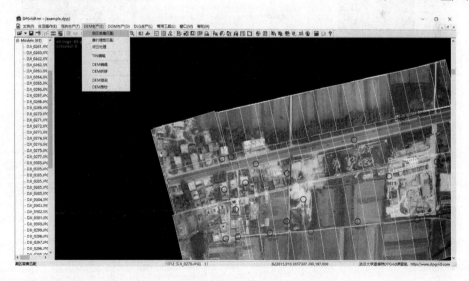

图 5-24　密集匹配

（2）鼠标左键单击菜单栏中的【处理（P）】，选择【匹配整个测区】，见图 5-25，弹出 TMDem 界面。

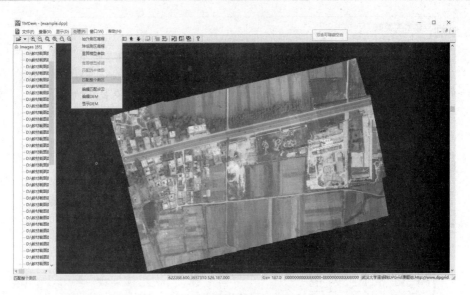

图 5-25　匹配整个测区

（3）将 DEM 间隔改为 1（此值根据成图比例尺可做调整），匹配方法改为 ETM 双扩展匹配，鼠标左键单击【OK】按钮（见图 5-26），直至运行完毕后 DEM Matching 界面自动关闭。

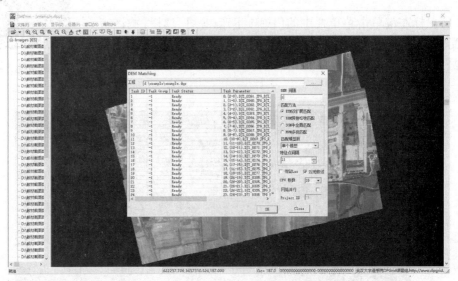

图 5-26　DEM 间隔设置

（4）鼠标左键单击菜单栏中的【处理（P）】，选择【编辑匹配点云】（见图 5-27），弹出 DPFilter 界面。

图 5-27　编辑匹配点云

（一）生成 DEM 成果

（1）鼠标左键单击菜单栏中的【处理（P）】，选择【点云生成 DEM】（见图 5-28），弹出生成 DEM 界面。

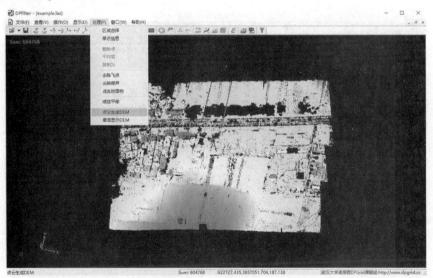

图 5-28　点云生成 DEM

（2）鼠标左键单击 DEM 后的【加载显示】，弹出【另存为】界面，将文件存放到工程的 DEM 目录下，命名为 DEM（注意：不能是中文、空格等特殊符号），点击【保存（S）】，见图 5-29。

图 5-29　DEM 加载

(3)将 X 间隔和 Y 间隔改为 1(此值根据成图比例尺可做调整),选择【三角网算法】,勾选"平滑""无效区""滤波",点击【确定】,见图 5-30。

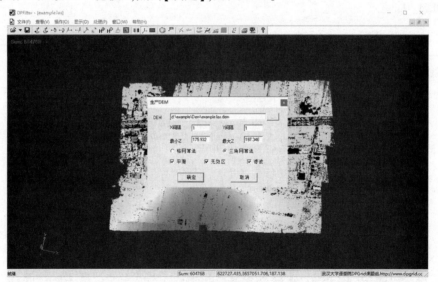

图 5-30　DEM 滤波

(4)在弹出的对话框中选择【否(N)】(见图 5-31);关闭 DPFilter 界面,回到主界面。

图 5-31 关闭 DEM 生产界面

（二）编辑生成 DEM

（1）鼠标左键单击菜单栏中的【DEM 生产（E）】，选择【DEM 编辑】（见图 5-32），弹出 DPDemEdt 界面。

图 5-32 DEM 编辑界面

（2）打开需要编辑的 DEM，在界面左下角 Stereo Images Pair 列表空白处，单击鼠标右键，选择【测区】（见图 5-33）。

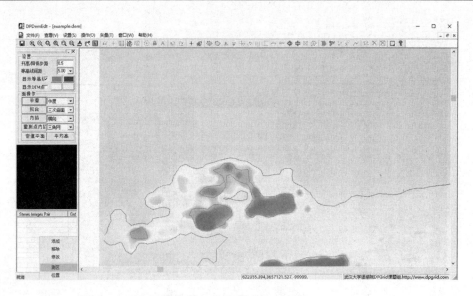

图 5-33　编辑 DEM 加载测区

　　(3)在弹出的页面,选择工程路径下 dpp 格式文件,点击【打开(O)】(见图 5-34),左下角显示导入的立体像对。

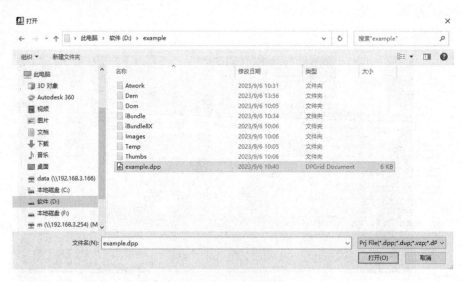

图 5-34　加载测区

　　(4)鼠标左键双击一组像对,右边弹出模型和 DEM 渲染图窗口(见图 5-35);戴上红蓝(绿)眼镜,选择区域,并通过操作功能对 DEM 进行编辑。

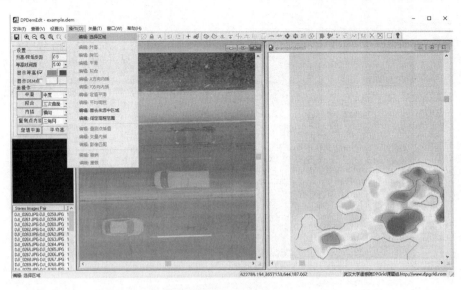

图 5-35　DEM 编辑

（5）切换其他像对继续编辑，直至任务区域所有 DEM 都无问题；编辑完成后，鼠标左键单击菜单栏中的【文件（F）】，选择【保存（S）】及【退出（X）】（见图 5-36）。

图 5-36　DEM 保存

四、数字正射影像 DOM 正射生产

（1）鼠标左键单击菜单栏中的【DOM 生产（O）】，选择【单张正射】，系统弹出生产正射影像界面（见图 5-37）。

码 5-3　DOM 生产

图 5-37　DOM 生产界面

（2）选择编辑保存的 DEM 成果，修改正射影像分辨率为 0.1（此值可根据成图比例尺做调整），鼠标左键单击【确认】（见图 5-38）。

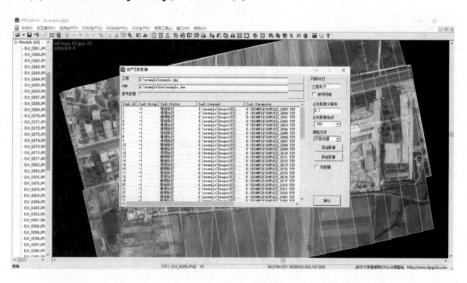

图 5-38　DOM 分辨率设置

（一）正射拼接

（1）鼠标左键单击菜单栏中的【DOM 生产（O）】，选择【正射拼接】（见图 5-39），系统弹出 DPMzx 界面。

图 5-39　正射拼接界面

（2）鼠标左键单击菜单栏中的【文件（F）】，选择【新建（N）】（见图 5-40），弹出参数设置对话框。

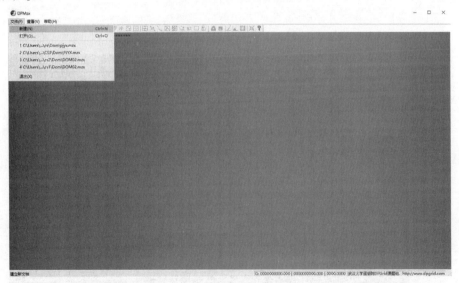

图 5-40　加载正射影像界面

（3）将文件存放到工程的根目录 DOM 下，命名为 PJYX，鼠标左键单击【打开】；其他参数默认不变，鼠标左键单击【确认】（见图 5-41）。

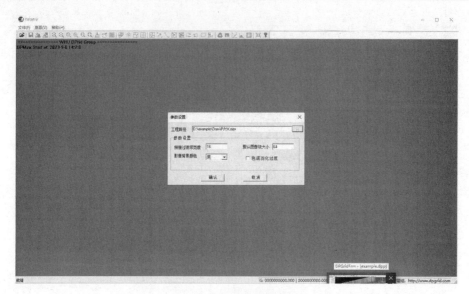

图 5-41　拼接线输出界面

　　(4)鼠标左键单击菜单栏中的【文件(F)】,选择【添加影像】(或鼠标左键单击工具栏中的添加影像图标),见图 5-42,弹出 Select Images 界面。

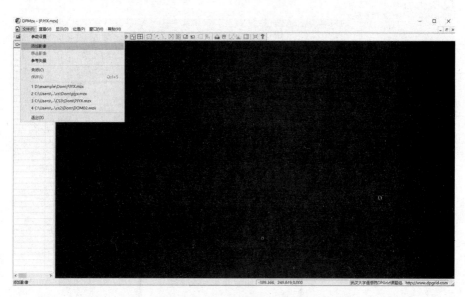

图 5-42　添加正射影像界面

　　(5)选择 DOM 文件夹下的所有单片正射影像,鼠标左键单击【打开(O)】(见图 5-43)。

图 5-43　添加正射影像

(二)拼接线生成及编辑

(1)鼠标左键单击菜单栏中的【处理(P)】,选择【生成拼接线】(或鼠标左键单击工具栏中的生成拼接线图标),见图 5-44,生成拼接线。

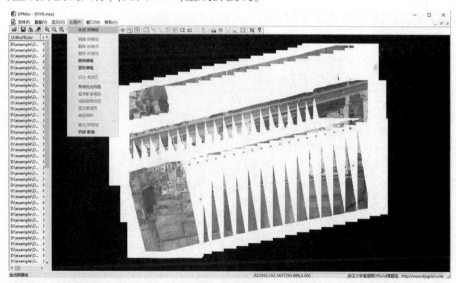

图 5-44　生成拼接线

(2)鼠标左键单击【编辑 拼接线】(见图 5-45),直至任务区完成。

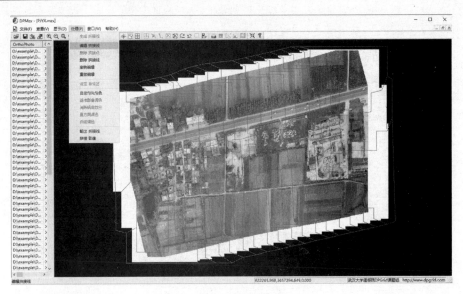

图 5-45　拼接线编辑

(三)拼接线成果输出

鼠标左键单击菜单栏中的【处理(P)】,选择【输出 拼接线】(或鼠标左键单击工具栏中的输出拼接线图标),见图 5-46,作为成果进行保存,命名为 PJX(注意:不能是中文、空格等特殊符号),文件的格式设置为 dxf。

图 5-46　拼接线输出

(四)正射影像输出

(1)鼠标左键单击菜单栏中的【处理(P)】,选择【拼接 影像】(或鼠标左键单击工具栏中的拼接影像图标),见图 5-47。

图 5-47　正射影像输出

（2）弹出【另存为】界面框，命名为 DOM（注意：不能是中文、空格等特殊符号），文件的格式设置为 tif（根据成果要求可做调整），见图 5-48。

图 5-48　正射影像命名

（3）在弹出的对话框中选择【是（Y）】（见图 5-49）；关闭 DPMzx 界面，回到主界面。

图 5-49　正射影像保存

五、数字线划地图 DLG 生产

(一) 新建矢量文件

(1) 鼠标左键单击菜单栏中的【DLG 生产(L)】,选择【立体影像测图】(或鼠标左键单击工具栏中的立体影像测图图标),见图 5-50,弹出 DPDraw 界面。

码 5-4　点线要素立体采集

图 5-50　立体影像测图

(2) 鼠标左键单击菜单栏中的【文件(F)】,选择【新建(N)】(见图 5-51),弹出【图幅参数】界面。

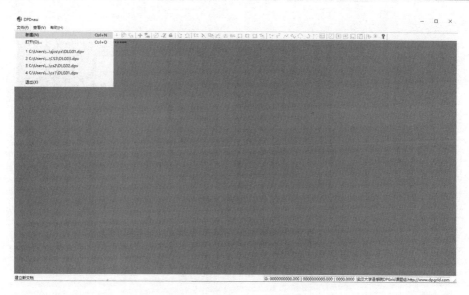

图 5-51 新建 DLG 测图工程

(3)在图幅参数界面设置符号比例为 1∶1 000,高程点小数位为 2,将起点 X、起点 Y、右上 X、右上 Y 按照测图范围进行设置(注意:以上参数可根据要求做调整),设置完后鼠标左键单击【保存】(见图 5-52),弹出【打开】对话框。

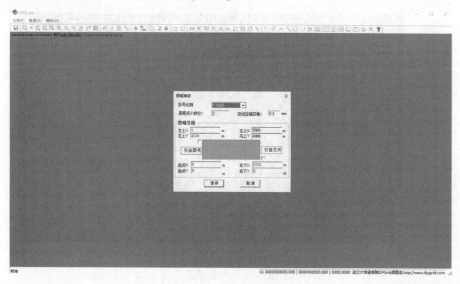

图 5-52 DLG 参数设置

(4)将矢量文件保存在工程根目录下,命名为 DLG,鼠标左键单击【打开(O)】(见图 5-53),弹出 DPDraw 界面。

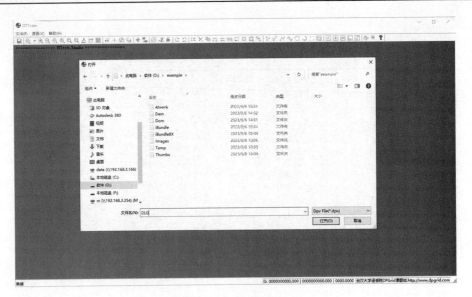

图 5-53　加载工程

（5）在界面左下角 Stereo Images Pair 列表空白处，单击鼠标右键，选择【测区】（见图 5-54）。

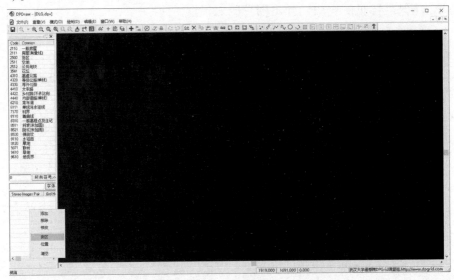

图 5-54　加载测区

（6）在弹出的页面，选择工程路径下 dpp 格式文件，鼠标左键单击【打开(O)】（见图5-55），左下角显示导入的立体像对。

图 5-55　打开立体像对

（7）鼠标左键双击一组像对，弹出【DPDraw】对话框，选择【是（Y）】（见图 5-56），右边弹出模型和矢量窗口。

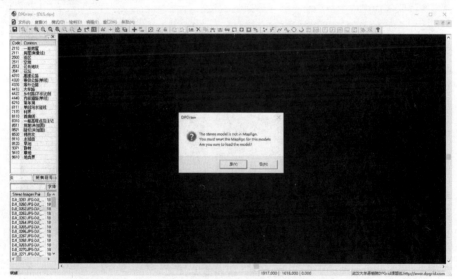

图 5-56　立体像对与矢量窗口匹配

（二）地物采集

（1）戴上红蓝（绿）眼镜，通过鼠标滚轮调整测标高程，鼠标左键单击左上角的符号面板，选择判绘的正确符号，在模型上采集对应的地物、地貌（见图 5-57），一个模型完成后，继续用其他模型采集地物、地貌。

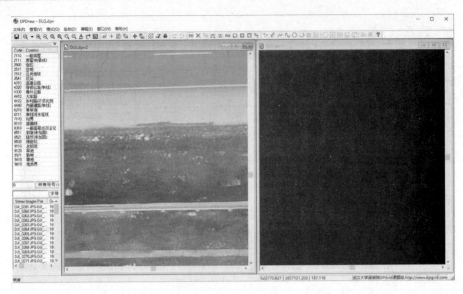

图 5-57　采集地物

（2）依据成果需求，采集点、线、面构成的地物类型（见图 5-58）。

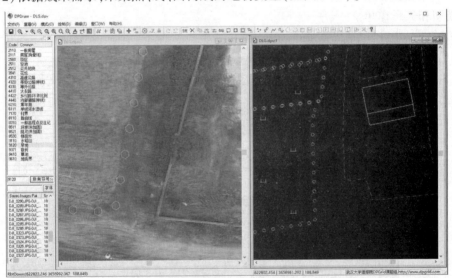

图 5-58　绘制地类界

（3）完成所有规定的地物、地貌的绘制后，鼠标左键单击菜单栏中的【文件（F）】，选择【保存（S）】及【退出（X）】（见图 5-59）。

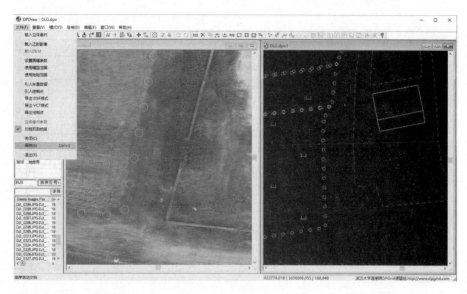

图 5-59　DLG 保存

(三) 整饰出版

(1) 鼠标左键单击菜单栏中的【DLG 生产(L)】,选择【整饰出版】(或鼠标左键单击工具栏中的整饰出版图标),见图 5-60,弹出 DPPlot 界面。

图 5-60　整饰出版

(2) 鼠标左键单击菜单栏中的【文件(F)】,选择【打开(O)...】(见图 5-61),弹出【打开】界面。

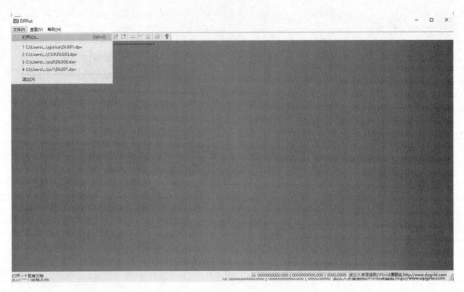

图 5-61　加载矢量数据

（3）在弹出的界面中选择 DLG 生产中保存的 dpv 矢量文件，见图 5-62。

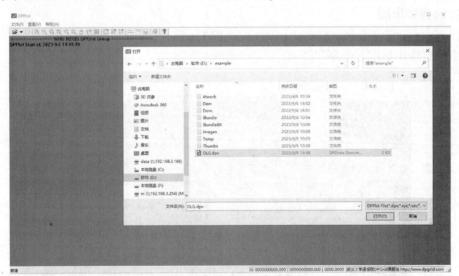

图 5-62　选择 DLG 数据

（4）鼠标左键单击菜单栏中的【设置（S）】，选择【设置图廓参数】（或鼠标左键单击工具栏中的设置图廓参数图标）设置，见图 5-63。

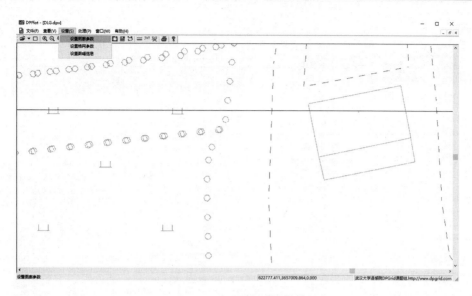

图 5-63　设置图廓参数

（5）鼠标左键单击菜单栏中的【设置（S）】，选择【设置格网参数】（或鼠标左键单击工具栏中的设置格网参数图标）（见图 5-64），按照要求对格网进行设置。

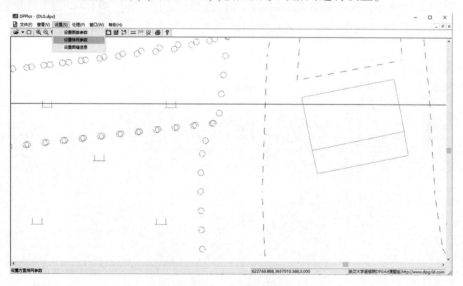

图 5-64　设置格网参数

（6）鼠标左键单击菜单栏中的【设置（S）】，选择【设置图幅信息】（或鼠标左键单击工具栏中的设置图幅信息图标）（见图 5-65），按照要求对图名、图号、地区、版权单位进行设置，核查比例尺数值，不勾选结合图表选项（以上参数可根据要求进行调整），鼠标左键单击【确认】。

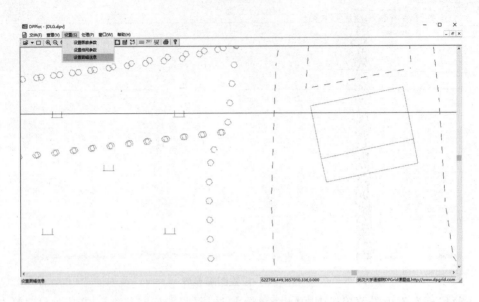

图 5-65　设置图幅信息

（7）鼠标左键单击菜单栏中的【处理（P）】，选择【输出结果】（或鼠标左键单击工具栏中的输出结果图标）（见图 5-66），弹出输出成果图对话框，命名为 DLG。

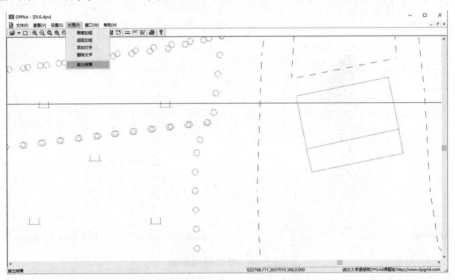

图 5-66　整饰输出

（8）文件的格式设置为 jpg，鼠标左键单击【确定】（见图 5-67），弹出 DPPlot 对话框。

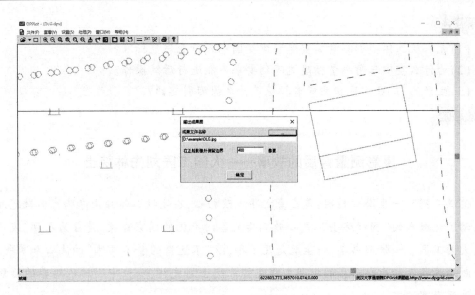

图 5-67　成果命名

（9）鼠标左键单击【是（Y）】（见图 5-68），弹出 DPviewer 界面查看整饰成果。

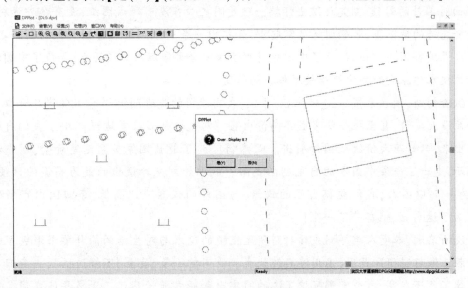

图 5-68　显示整饰图幅

注意事项

（1）无人机立体摄影测量空中三角测量精度一定要满足规范要求，才可以进行后续产品的制作。

（2）DEM 编辑制作时要逐块编辑，不能出现遗漏情况。

（3）DOM 拼接线不能穿越房屋，编辑好以后要对成果进行检查。

（4）DLG 采集与制作应满足摄影测量内业规范要求。

拓展思考

(1) 无人机立体摄影测量需要参照哪些国家或行业规范标准？

(2) 为什么空中三角测量精度达不到要求不能进行后续操作？

(3) 生产的 DOM 出现扭曲或者拉花是什么原因引起的？

思政课堂

摄影测量背后的故事——大国工匠刘先林院士

他满头银发一生潜心科研，是耄耋之年不改初心，在高铁二等座上赤脚穿旧鞋笔耕不辍感动了无数人的"网红院士"，是扛鼎测绘装备国产化的国家脊梁，是甘为人梯、淡泊名利的大国工匠。一张旧书桌，一坐就是几十年，以"不达目的誓不罢休"的决心和勇气，让国产测绘装备开始走向世界的中国工程院首批院士刘先林，一位中国自己培养的摄影测量与遥感专家。

"祖国需要什么，一线需要什么，我们就要研究什么！一定要有勇气赶超世界先进水平。"面对国外的封锁，刘先林院士怀揣一颗爱国之心在没有现成图纸、没有参考资料、没有资金支持的情况下，带领团队从零起步，开拓出一条引领测绘装备国产化的创新之路。多项成果填补国内空白，结束了中国先进测绘仪器全部依赖进口的历史，加快了中国测绘从传统技术体系向数字化测绘技术体系的转变。

执着创新，硕果累累。20 世纪 80 年代，我国使用的先进测绘仪器 90% 依赖进口。许多外商漫天要价，甚至把一些半成品高价出售。刘先林痛心疾首地说："由于我们自己研制不出来，只好花大价钱从国外引进。心疼啊！"为了能让国家节省这笔资金，刘先林潜心钻研，走出了一条中国人的自主创新之路。低调的刘先林说出的最为高调的话便是："作为一个中国人，我们要搞自己的仪器，与国外的仪器一比高低，夺回国内市场的份额！"为了这句话，他奋斗了一生！

淡泊名利，本色人生。刘先林对科研无止境的追求与对生活的简朴要求形成了强烈的对照。做好科研即是乐，不用浮名绊此生。他不拘小节，甚至"不修边幅"，一身旧衣服洗得掉了色还在穿，办公室那张掉了漆的写字台和硬木椅子用了三十多年还在用。他多次拒绝换新桌椅的理由是"椅子太舒服了容易走神，只有坐硬椅子，才能出灵感！"刘先林办公室喝水的是咖啡壶，没有盖子，就为了节省开盖和多次倒水的时间，把时间挤出来更多的用在科研上。在他心里，国为重，家为轻，科学最重，名利最轻。对自己要求如此苛刻，但对于客户的要求他丝毫不敢懈怠，如果用户的仪器出了问题或有什么要求，随时都可以打电话联系他，并尽快给予解决。现在，他研制的多个国产化测绘仪器都已成为国内主流设备，为我国的数字城市建设和地理国情监测等提供了重要的装备支撑。

生命不息，创新不止。刘先林院士用一生践行了"热爱祖国、忠诚事业、艰苦奋斗、无私奉献"的精神，更书写了一段感动遥感的人生传奇。

　　"热爱祖国、忠诚事业、艰苦奋斗、无私奉献",这十六字测绘精神,是老一辈测绘人的铮铮誓言。"心系人民、情系人民,忠诚一辈子,奉献一辈子,以自己的实际行动,团结带领亿万人民为实现'两个一百年'奋斗目标、实现中华民族伟大复兴的中国梦而共同奋斗。"这是习近平总书记对测绘人的要求,也是我们初心之路上的豪情壮语,前行的动力。

　　　　　　　　　　　　　　　　　　　　　　　　　　　来源:中国测绘学会网站

项目六　无人机倾斜摄影测量

使用瞰景 Smart 3D 软件基于倾斜影像数据进行实景三维建模产品制作,要求学生运用课堂教学所学知识与实践教学所掌握的基本操作技能,按照生产的规范要求完成实景三维建模产品制作,通过让学生自主操作,不仅能让同学们熟练使用软件,也可以培养和提高学生发现问题、分析问题和解决问题的能力,同时培养学生踏实认真的学习精神。

DP Modeler 是一款集精细化单体建模及 Mesh 网格模型修饰于一体的软件,通过多数据源集成,实现空地一体化作业模式,有效提高三维建模的精度和质量。使用 DP Modeler 软件对数据进行精细化单体建模及 Mesh 网络模型修饰,要求学生运用课堂教学所学知识与实践教学所掌握的基本操作技能,按照生产的规范要求完成单体建模及模型修饰,通过让学生自主操作,不仅能让同学们能够熟练使用 DP Modeler 软件,也可以培养和提高学生发现问题、分析问题和解决问题的能力,同时培养学生踏实认真的学习精神。

将实景三维模型导入 EPS 软件进行裸眼测图,绘制地形图,可以大幅度提高成图效率,减少野外工作时间,降低作业成本,使地形图绘制变得更加便捷高效,成为主要的地形图绘制方法。

教学目标

(1)通过实践深入理解实景三维建模的相关知识。

(2)掌握利用瞰景 Smart 3D 软件进行三维建模的相关步骤及知识学习。

(3)掌握精细化单体建模和 Mesh 网格模型修饰的相关步骤及知识。

(4)熟练使用 DP Modeler 软件进行三维建模制作。

(5)熟练使用 DP Modeler 软件进行精细化单体建模、Mesh 网格模型修饰生产。

(6)熟练使用 EPS 软件绘制地形图。

知识准备

任务一　无人机倾斜摄影测量基础知识

一、空中三角测量

无人机航空摄影测量空中三角测量是利用无人机连续拍摄组、具有一定重叠度像片的内在几何特性,依据少量野外地面控制点,以摄影测量方法建立起一个同实地完全一致的数字模型,从而获得更多加密点的三维坐标信息。

二、点云数据

点云数据是指在一个三维坐标系统中的一组向量的集合。扫描资料以点的形式记录，每一个点包含三维坐标，有些可能含有颜色信息（RGB）或反射强度信息；点云数据除具有几何位置外，有的还有颜色信息。颜色信息通常是通过相机获取彩色影像，然后将对应位置的像素的颜色信息（RGB）赋予点云中对应的点。强度信息的获取是激光扫描仪接收装置采集到的回波强度，此强度信息与目标的表面材质、粗糙度、入射角方向，以及仪器的发射能量、激光波长有关。

三、实景三维建模

实景三维建模是一种三维虚拟显示技术，利用数码相机或激光扫描仪从多个角度拍摄现有场景，并利用三维实景建模软件进行处理生成。3D实景建模可以在浏览过程中放大、缩小、移动、多角度查看模型，还可以查看3D实景模型中物体的相关参数。3D实景建模可用于场地规划、面积测量、土方计算，也可与实景模型进度分析软件连接，实现工程项目的施工进度分析、实景模型的虚拟空间运维管理等。具体来说，3D实景倾斜建模是指利用倾斜摄影技术制作的3D实景模型。与传统航测采集的垂直摄影数据相比，该技术通过增加多个不同角度的镜头，同时采集一个垂直、四个倾斜、五个不同角度的影像数据，可以获取建筑物顶部和侧面丰富的高分辨率纹理数据，从而同时获得同一位置的多幅高分辨率三维影像。

四、单体化

精细化单体建模是对三维模型的建筑物单体化，单体化是指我们想要单独管理的对象，是一个单独的、可以被选中的实体，即可以被附加属性、可以被查询统计等。只有具备了"单体化"的能力，数据才可以被管理，而不仅仅是被用来查看。

五、Mesh 模型修饰

Mesh 模型修饰是对三维模型进行修饰，无人机航空摄影技术创建的建筑物 Mesh 模型，多有窗户拉花、玻璃空洞、墙面扭曲、路面扭曲、水面空洞等问题，为了满足高质量、高精度的建筑物 Mesh 模型要求，需要通过修饰来提高模型质量及精度。

六、裸眼测图

裸眼测图是在精细化实景三维模型的基础上，无须佩戴立体眼镜，通过裸眼清晰地观察到地物形态与属性，直接在实景三维模型上勾绘建筑物、道路、水系等地物轮廓与记录属性信息，采集与绘制地貌信息，制作地形图。裸眼测图方法可以满足 1:2 000~1:500 地形图测绘、不动产测量的高精度要求，大幅减少外业工作量与降低生产成本，提高成图效率。

任务二 实景三维建模

下面以瞰景 Smart 3D 软件作为数据处理平台讲述实景三维建模过程。

一、建立工程

(一)资料准备

实景三维建模所需资料包括倾斜影像数据(原始影像)、原始影像 POS 文件、控制点资料(点位图、点位分布图、控制点坐标)、坐标设置资料、相机镜头参数文件(包括正射镜头、倾斜镜头参数)等。

(二)创建工程

(1)打开瞰景 Smart 3D 软件,在弹出的主界面,鼠标左键单击菜单栏中的【文件(F)】,选择【新建工程(N)】(见图 6-1)。

图 6-1 新建工程

(2)弹出新建工程窗口,设置工程名称(根据命名自动创建工程文件夹)、工程路径(工程存放的路径,一般存放在空间较大的盘符里,如集群计算需要设置网络路径)、设定任务队列路径(设定作业队列文件提交存储的目录路径以供软件引擎端读取并进行处理,如集群需要设置网络路径),鼠标左键单击【确认】(见图 6-2)。

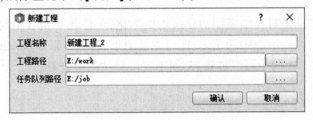

图 6-2 设置工程目录与名称

(三)导入照片

(1)鼠标左键单击工程文件下的【原始照片】,鼠标右键单击【照片组】,选择【导入照片组】(见图 6-3),选择原始倾斜影像数据(包含子文件夹)。

影像导入后需检查影像路径是否合法。若不合法,通过设置照片组目录更换或打开资源管理器修改,见图 6-4。

(2)导入照片后自动弹出设置 GNSS 高度参考界面,设置与照片位置相应的椭球及高程坐标系;如照片信息中已经加入 POS 位置信息,选择对应椭球,鼠标左键单击【确定】完成导入;如照片与 POS 信息分开(POS 以单独 txt/csv 文本形式),则鼠标左键单击【忽略】完成导入。

(3)鼠标左键单击【照片组】,鼠标右键单击每组照片,选择【导入 POS 文件】,根据照片角度导入每组照片 POS 文件(见图 6-6)。

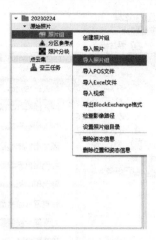

图 6-3 导入照片

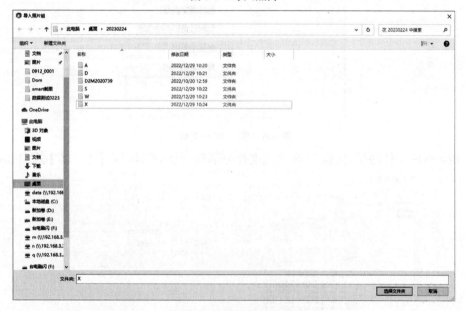

图 6-4 设置照片路径

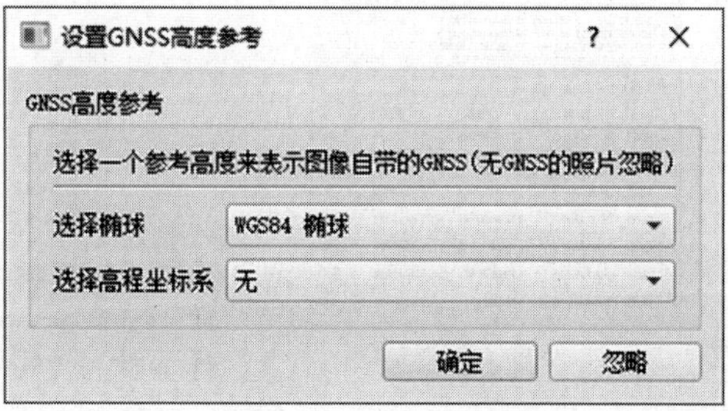

图 6-5 设置 POS 坐标系

图 6-6　导入 POS 文件

选择 POS 文件路径,根据 POS 格式选择分隔符,鼠标左键单击【下一步】,见图 6-7。

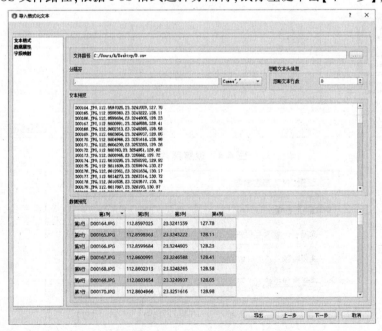

图 6-7　导入 POS 数据

选择世界坐标系,当相机姿态信息准确时勾选"导入相机姿态信息",姿态信息不准确时不用勾选"导入相机姿态信息",直接鼠标左键单击【下一步】,见图6-8。

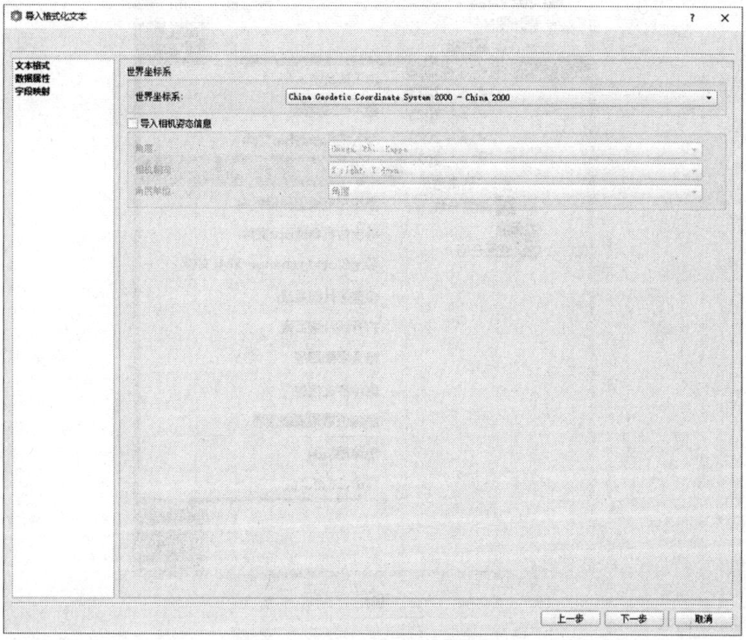

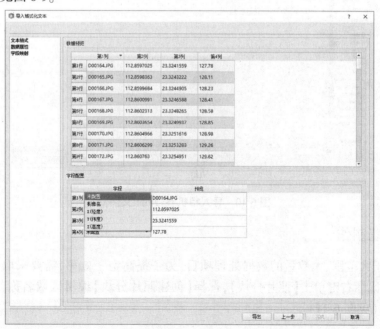

图6-8 选择相机姿态

根据 POS 文件顺序对每一列进行配置,鼠标左键单击【完成】(注意分配的时候不要颠倒顺序),见图6-9。

图6-9 POS 配置

(4)鼠标左键单击【照片组】,鼠标右键单击每组照片,选择【导入相机参数 opt 文件】[见图6-10(a)],等待弹出【导入成功】弹窗后,鼠标左键单击【确认】。

(a)

(b)

图 6-10　导入相机参数 opt 文件

二、空三制作

（1）对于大范围、大数量的数据处理项目，为了提高空三效率，需要采取分块的方式进行空三。鼠标右键单击【照片分块】，选择【创建照片分块】编辑区域名称，鼠标左键单击【下一步】（见图 6-11）。

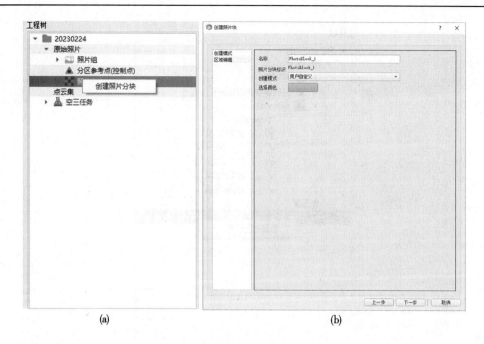

(a)　　　　　　　　　　　(b)

图 6-11　照片分块

在弹出的对话框中鼠标左键单击【选择照片】,在三维视窗中用框选方式选择照片,鼠标左键单击【完成】(见图 6-12)。

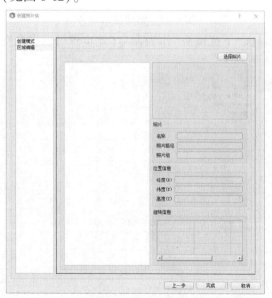

图 6-12　选择照片

(2)鼠标右键单击【空三任务】,选择【创建空三任务】,见图 6-13;进入空三参数位置模式。

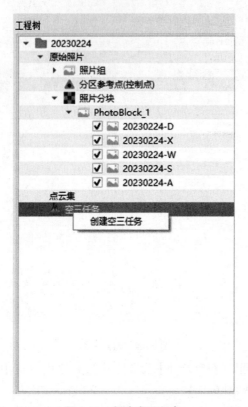

图 6-13 创建空三任务

在【参考相机】处勾选"下视镜头"作为参考(此步骤可以提高空三效率),见图 6-14。

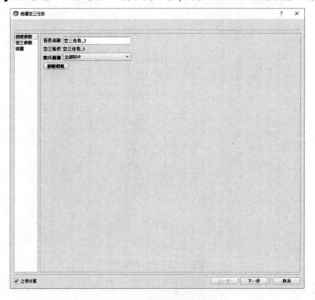

图 6-14 相机勾选设置

高精度 POS 数据选择"高精位置/姿态辅助平差(<0.10 米)",其余使用"常规位置/姿态刚体变换"(见图 6-15);连接点使用"计算";相机外参:导入准确姿态角信息时选择

姿态位置调整,没有姿态角信息时使用"计算";相机内参不改动;选项:如区域存在大量弱纹理区域,连接点密度使用高。

图 6-15 相机姿态设置

匹配选择模式勾选"加强"(见图 6-16)。颜色一致性选择"启用"或者"关闭"。采样系数默认即可;在设置栏源数据类型根据数据情况选择,源数据纹理根据弱纹理区域大小进行选择(一般结合上一步使用);64 GB 平衡模式适用含有控制点,性能模式适用于大数据整体空三(如 5 万张),结合具体情况使用。

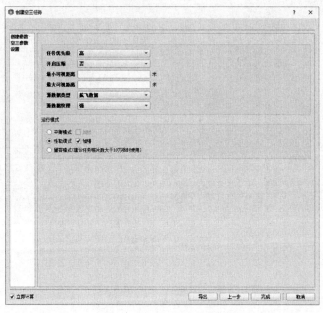

图 6-16 匹配模式设置

（3）空三提交完成后,空三对应的任务文件即会默认生成到任务队列路径的计划文件夹下。这时需要添加计算节点引擎来处理这个任务,见图6-17。

图6-17 空三引擎

（4）初次空三(见图6-18)完成后可以在三维界面下浏览空三成果,鼠标右键单击空三任务查看空三报告(见图6-19)。

图6-18 初次空三

工程名:	ALL-135600
相机组个数:	15
总照片量:	10475
标定成果照片量:	10445
标定失败照片量:	30
场景大小:	3153 * 1614面积:5.08894e+06
平均分辨率:	24.3492 mm/pixel
比例:	1 : 73.0477
相机型号:	Photogroup 96 : SONY ILCE-6000 Photogroup 97 : SONY ILCE-6000 Photogroup 98 : SONY ILCE-6000 Photogroup 99 : SONY ILCE-6000 Photogroup 100 : SONY ILCE-6000 Photogroup 106 : SONY ILCE-6000 Photogroup 107 : SONY ILCE-6000 Photogroup 108 : SONY ILCE-6000 Photogroup 111 : SONY ILCE-6000 Photogroup 112 : SONY ILCE-6000 Photogroup 113 : SONY ILCE-6000 Photogroup 114 : SONY ILCE-6000 Photogroup 115 : SONY ILCE-6000 Photogroup 110 : SONY ILCE-6000
运行时间:	总计:07时33分49秒 特征提取:50分15秒 图像相似性:02时34分02秒 特征匹配:54分16秒 调整:03时15分22秒

图6-19　初次空三报告

三、空三刺点

（1）导入像控点进行刺点。像控点格式为文本或者表格 csv，内容为名称、X、Y、Z；复制空三任务，在复制的空三任务控制点信息界面导入控制点；控制点导入格式为文本或表格 csv；或直接导入已导出的 Smart 3D 控制点成果文件；选择控制点坐标系；配置每列数据属性完成导入，见图6-20。

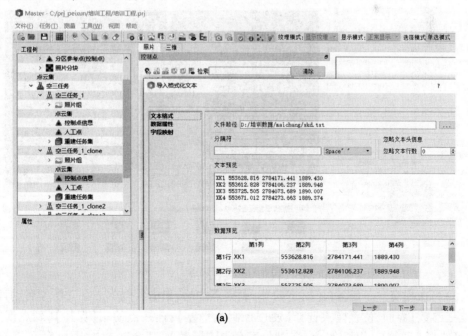

(a)

图6-20　导入像控点

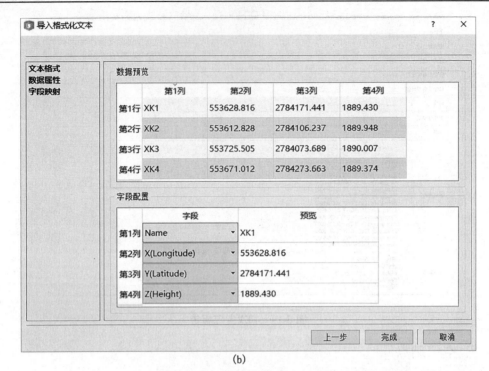

(b)

续图 6-20

（2）空三刺点。鼠标左键单击控制点，在匹配的照片栏中找到预测点位，按住 Shift 键与鼠标左键开始刺点。区域中至少存在 4 个像控点才可以提交空三平差（刺点时尽量保证每个控制点的每个镜头至少刺 5 张照片，且不为连续性照片），见图 6-21。

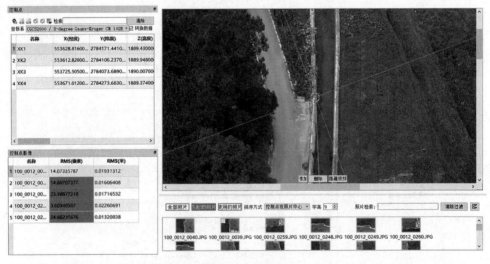

图 6-21　空三刺点

（3）再次提交空三任务（绝对定向）。刺完点之后，鼠击右键单击空三任务启动计算；在【空三参数】界面，位置模式选择【使用控制点平差】；连接点使用【保持】，刺点误差较大时可选择"计算"；相机外参：姿态位置使用【调整】；其余参数默认初次空三设置，见图 6-22。

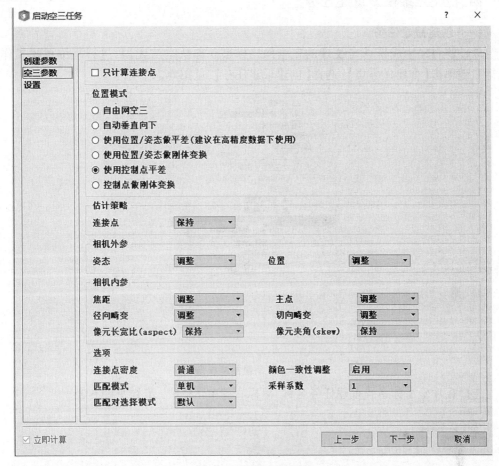

图 6-22　提交空三任务

（4）空三平差完成后，可查看空三报告（见图 6-23），控制点精度符合要求后可直接进行模型重建。

控制点								▲
控制点误差								
名称	类型	照片数	精度(米)	RMS (像素)	RMS (米)	三维误差(米)	水平误差(米)	高程误差(米)
XK1	水平+垂直	3	水平:0.01 高程:0.01	0.365779	0.0490699	0.013807	0.0136372	-0.00215919
XK2	水平+垂直	4	水平:0.01 高程:0.01	0.0612699	0.0440821	0.00188446	0.00188124	-0.000110166
XK3	水平+垂直	3	水平:0.01 高程:0.01	0.175977	0.0411728	0.00582436	0.00575397	-0.000902807
XK4	水平+垂直	6	水平:0.01 高程:0.01	0.196864	0.0483026	0.0076635	0.00762127	-0.000803401
RMS				0.227635	0.0457696	0.00846815	0.0083771	0.00123842
中位数				0.196864	0.0483026	0.0076635	0.00762127	-0.000803401

图 6-23　空三报告

四、提交三维模型重建任务

(一) 创建重建任务

软件将自动生成带真实纹理的三维网格模型。确认空三无误,进行三维重建工作。鼠标右键单击【重建任务集】,选择【创建重建任务】,见图 6-24。

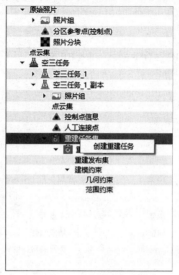

图 6-24 新建重建模型

选择瓦片坐 1 标系及重建任务名称,鼠标右键单击【下一步】,见图 6-25。

图 6-25 瓦片坐标系设置

(二)范围约束

导入:软件支持导入 kml 格式和 shp 格式。本地坐标系使用 shp 格式。鼠标左键单击【导入】,选择相应的范围文件进行导入即可。

添加:通过鼠标直接绘制模型生产范围。绘制时单击左键开始,单击右键结束。绘制完成后即可获得一个多边形约束范围(见图 6-26)。

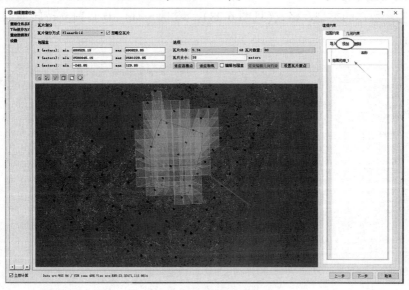

图 6-26 瓦片参数设置

(三)区块划分

定义三维模型输出范围,显示为一个半透明范围框(见图 6-27)。默认情况下,范围会包括所有连接点,可以通过手动编辑范围框范围或约束重建范围的方式,去除不参与重建的区域(见图 6-27)。

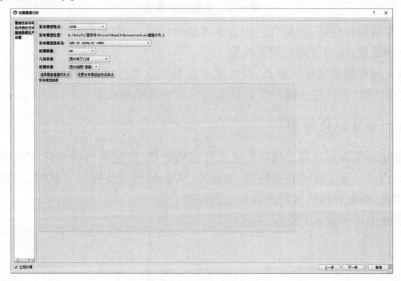

图 6-27 区块划分

(四) 瓦片划分

水平划分:在 *XY* 平面上将模型分割成瓦块。

进行瓦块分割时,软件会计算每个瓦块占用的内存,根据实际电脑配置确定大小即可。

(五) 发布数据格式

选择生产数据的类型及格式(见图 6-28)。畹景 Smart 3D 目前支持转换的数据格式包括 OBJ。

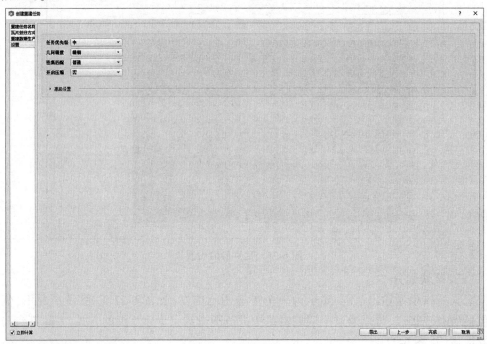

图 6-28　模型格式设置

(1)发布数据坐标系:选择合适的重建成果坐标系,一般与控制点坐标系一致。

(2)纹理质量:选择纹理的质量级别。

(3)设置发布数据坐标系原点:设定模型成果原点坐标,默认即可;若需要合并模型,需要将多个重建结果设置相同的发布数据坐标系和坐标原点。

五、模型重建结果检查

模型重建结果检查是指三维模型还未经过后处理,通过软件自动化完成的重建结果需要检查的内容。其主要涉及元数据、坐标系、现势性检查及模型完整性等,此过程作为一个基本检查,检查合格后方可进入后处理环节。

模型检查内容如表 6-1 所示。

表 6-1　模型结果检查

序号	检查项	检查内容	实景项目规格指标
1	元数据	查看数据文件夹下元数据文件是否完整	要求有 * . xml 文件
2	绝对精度	三维模型坐标系统是否与项目技术设计书要求一致	坐标系正确与否
3	现势性	模型时间精度是否达标	参考资料、成果满足
4	数据完整性	数据格式和文件组织形式是否和技术设计书要求一致	模型格式为项目合同要求格式
		数据文件夹是否完整,有无损坏、丢失	要求数据文件和坐标文件齐全

任务三　单体化与修模

以 DP Model 软件作为数据处理平台讲述实景三维模型单体化处理与模型编辑处理过程。

一、建立工程

(一)资料准备
原始影像、OBJ 模型、OSGB 模型、空三文件。

(二)创建工程
(1)打开 DPSlnManager 软件,在弹出的主界面选择【空项目】,鼠标左键单击路径中的【打开】;弹出新建工程窗口,鼠标左键单击工程路径后的【选择文件夹】;所有路径均支持中文字符,鼠标左键单击【下一步】(见图 6-29)。

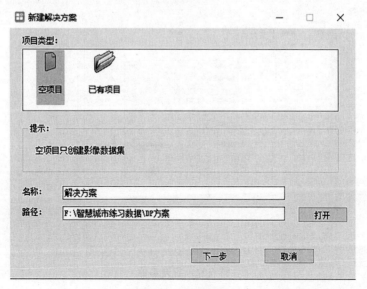

图 6-29　新建项目

（2）在弹出的主界面影像集中鼠标左键单击【航空影像】，选择【导入影像】（见图6-30）。

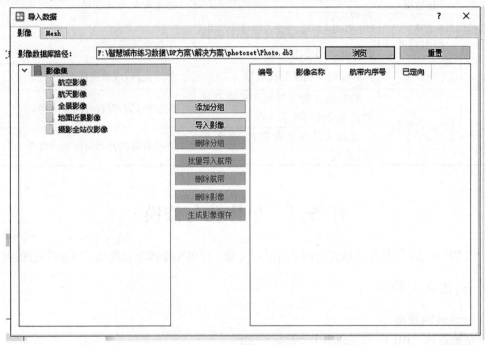

图 6-30　导入影像

（3）在导入影像界面鼠标左键单击文件夹图标，选择"xml 文件"，鼠标左键单击【打开】（见图6-31）。

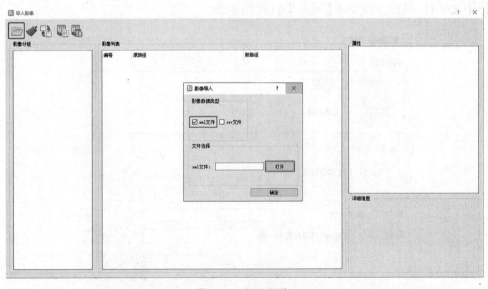

图 6-31　打开影像

（4）映射影像新路径,目标目录名称与原始目录名称保持一致(见图6-32)。

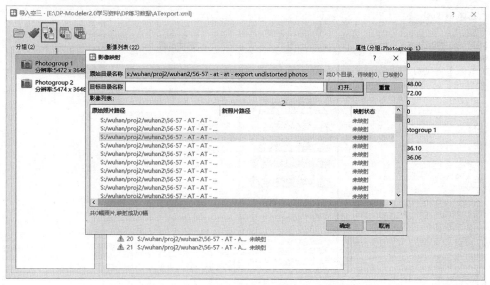

图6-32　路径选择

（5）映射完成后依次导出文本和工程(见图6-33)。

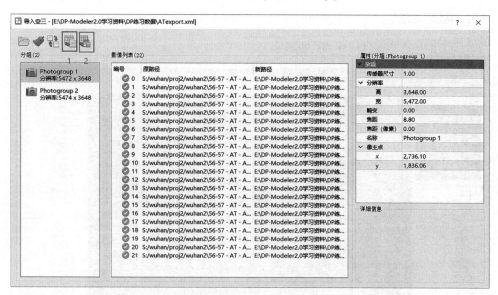

图6-33　导出工程

（6）切换到 Mesh 界面,依次导入 OSGB 文件及 OBJ 文件,并设置偏移值(见图6-34)。

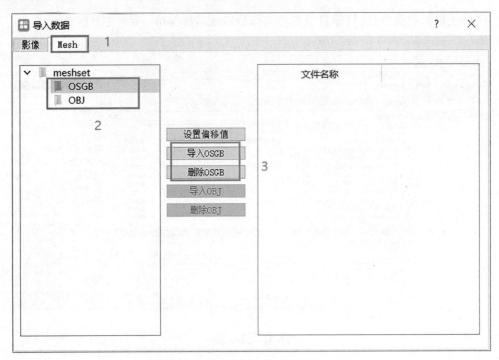

图 6-34　导入数据

二、单体化建模

（1）自由视图寻找目标建筑（见图 6-35）。

图 6-35　单体化处理界面

模型旋转：Alt+鼠标中键。

模型平移：鼠标中键。

（2）将基准面定于房顶，切换顶视图，在右边工具箱页面选择【建模】→【多边形】开始建模(见图6-36),沿房屋边缘勾勒轮廓,单击鼠标右键结束,自动闭合。

图6-36　单体化编辑处理

　　勾勒屋顶轮廓时,起始线段选择一条较长边,勾勒完第一条线段后,软件会自动产生直角、相交约束, 按钮为"开/关捕捉"。

　　(3)建筑物顶面绘制完成后,切换自由视图,将基准面定于地面,选择【挤出柱体】→【封底】(见图6-37),将面拉到地面建立建筑物主体。

图6-37　单体化设置

　　查看模型与影像是否套合:选择工具栏中【调节透明度】(见图6-38),然后拖动左下角透明度比例。

图 6-38　透明度设置

调整模型位置:选择工具栏【选择要素】→【平移】(见图 6-39),选择需移动方向,激活显示为黄色,鼠标指向"坐标轴"箭头,移动鼠标。

图 6-39　调整单体化模型位置

(4)建筑物附属建模方式(如女儿墙):画出女儿墙轮廓线,挤出柱体于房顶,选择工具栏中【内偏移和外扩】(见图 6-40),将鼠标光标拖动到内墙,鼠标左键单击结束,再将顶面挤出柱体到屋顶。

图 6-40 房屋附属物设置

关闭 Mesh 视图检查单体化白模(见图 6-41)。

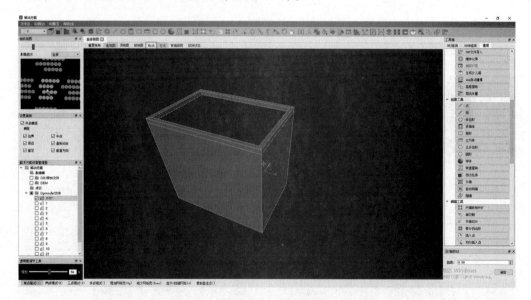

图 6-41 单体化白模

(5)人字顶制作。

①将基准面定于建筑物顶→勾勒人字顶轮廓→挤出屋檐厚度(见图 6-42)。

图 6-42　人字形房屋

②【面切割】→选中需要切割的面→沿建筑物人字顶切割(见图 6-43)。

图 6-43　面切割

③选中顶面各点→移动到屋檐顶。移动前房檐顶部见图 6-44,移动后效果见图 6-45。

图 6-44　移动前房檐顶部

图 6-45　移动后效果

（6）单体贴图。选择单体,选择工具栏中【自动纹理映射】(见图 6-46)。

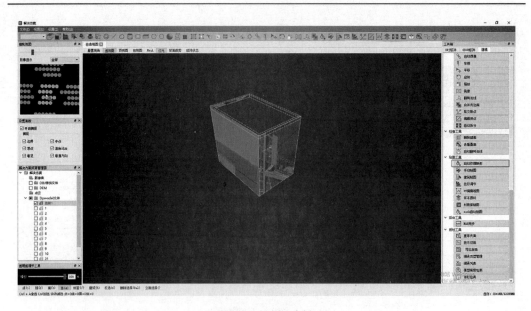

图 6-46　纹理映射

单个面贴图需要选择工具栏中【手动贴图】→挑选影像→选择需要贴图的影像→截取并贴图(见图 6-47)。

图 6-47　手动贴图

(7)纹理修改。

PS 设置:设置→【全局设置】→【图片编辑器路径】→浏览"桌面图标",见图 6-48。

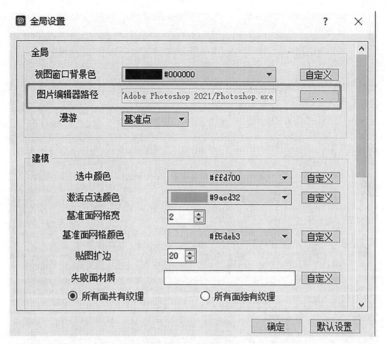

图 6-48　纹理修改

选择需要修改的面→【UV 编辑视图】(见图 6-49)→编辑贴图(联动 PS)→在 PS 界面编辑并保存图片→【完成编辑】。

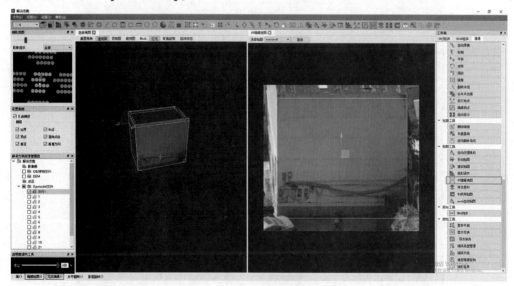

图 6-49　纹理编辑

纹理编辑前见图 6-50,纹理编辑后见图 6-51。

图 6-50　纹理编辑前

图 6-51　纹理编辑后

三、Mesh 模型修饰

（一）路面修饰

（1）立体选择：选择菜单栏中【OSGB 修饰】→【立体选择】（见图 6-52）→框选需要置平的平面范围→单击鼠标右键结束→鼠标左键选择需要置平的空间范围。

图 6-52　路面修饰

（2）道路置平：【平整】→选择【三点模式】→勾选"去除重叠"→在模型置平范围周边选择三点定平面→确定置平后是否与模型套合→鼠标左键单击【确定】，见图 6-53。

图 6-53　路面置平

（3）修饰路面。

方式一：【OSGB 纹理替换】→【航空影像】中勾选"匀色优化"→框选需要替换的范围

→单击鼠标右键结束→左上角选择垂直影像,见图6-54。

图6-54 路面物体替换

注:相机视图中,绿色表示四个方向倾斜影像;灰色表示垂直影像。

替换后模型见图6-55。

图6-55 路面物体替换效果

如果操作有误,需要还原模型:【还原】→选中需要还原的瓦片→还原到上一步,见图6-56。

　　方式二:【纹理修改】→开始编辑(联动PS)→PS编辑完成后保存回到DP界面,鼠标左键单击【完成编辑】,见图6-57。

图6-56　编辑还原

图6-57　纹理修改

　　路面修饰后效果见图6-58。

　　注:PS编辑完成返回DP界面后,不能再缩放编辑前视角,直接点完成编辑即可。

　　(二)水面修补

　　(1)水面补洞:将基准面定于水面→使用线框出漏洞范围→【水面修饰】→指定范围→勾选"自动创建缺失的Tile"→拾取颜色(拾取周边相近颜色即可)。

　　(2)水面纹理修改:【纹理修改】→开始编辑(联动PS)→完成编辑(见图6-59)。

图 6-58 路面修饰如果后效果

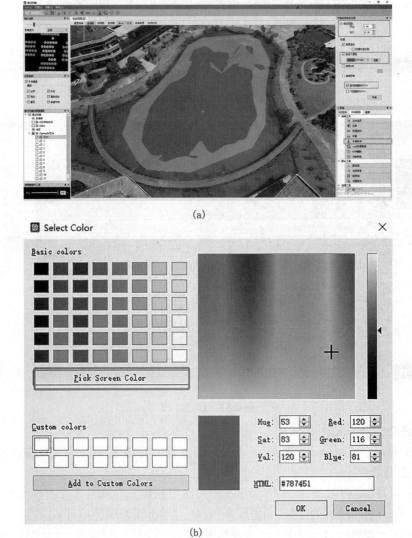

(a)

(b)

图 6-59 水面编辑

水面编辑前见图 6-60,水面编辑后见图 6-61。

图 6-60　水面编辑前

图 6-61　水面编辑后

四、碎片删除

线框出需删除平面范围→OSGB 删除→盒模式→选择删除内部→鼠标左键选择空间范围。碎片删除前见图 6-62,碎片删除效果见图 6-63。

图 6-62 碎片删除

图 6-63 碎片删除效果

五、单体成果导出

选中单体→单击鼠标右键拆分→解决方案资源管理器→DPModel 文件→选择图层→单击右键选择导出成果→文件类型选择导出 osgb 或 obj,鼠标左键单击【确定】后选择成果存放路径,见图 6-64。

六、修模成果导出

打开 Mesh 视图→工具箱【Tile 设置】→解决资源管理器右键需导出 Tile→导出,见图 6-65。

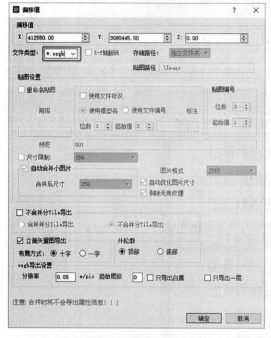

图 6-64 单体化导出

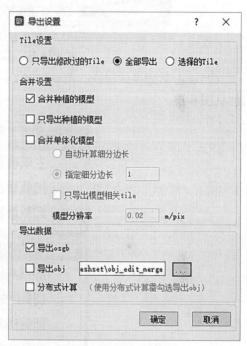

图 6-65 修模成果导出

注:按需求勾选 Tile 设置和合并设置。

任务四 裸眼测图

一、模型格式转换与加载本地模型

(1)打开 EPS 测图软件,新建工程,见图 6-66。

码 6-1 软件基本操作

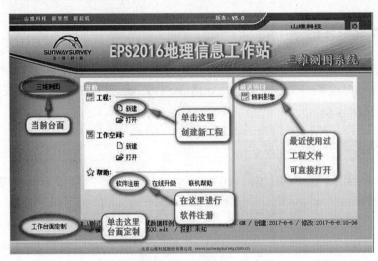

图 6-66　EPS 软件启动界面

（2）osgb 数据格式转换。菜单启动，从【三维测图】菜单下面打开【osgb 数据转换】工具，见图 6-67。

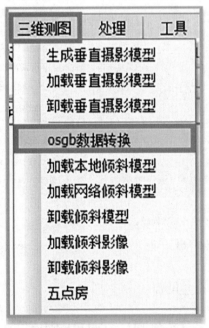

图 6-67　osgb 数据转换

在【osgb 数据转换】工具中，通过倾斜摄影的 Data 文件目录（瓦片数据）与 metadata. xml 文件生成 DSM 实景三维表面模型（见图 6-68）。

（3）加载本地倾斜模型。

菜单启动，在【三维测图】菜单下选择【加载本地倾斜模型】，在三维窗口加载 DSM 实景三维表面模型，选择 Data 目录下生成的 dsm 格式文件（见图 6-69）。

可以在菜单下面的【三维测图】中选择【加载超大影像】加载测区正摄影像图。

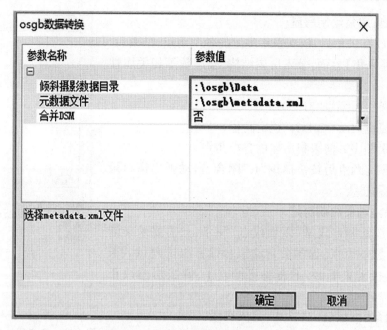

图 6-68 osgb 数据转换数据添加

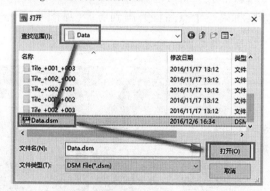

图 6-69 打开三维模型

二、房屋绘制

采集好的房屋,只保留房子的角点、扩展属性、图形特征(房屋结构与高度)、每个点的三维坐标、内部的注记等,制图表现都是根据扩展属性动态符号化出来的,数据符合制图与信息化要求,也具有三维白模的空间高度信息。

码 6-2 常用地物绘制

(一)五点绘制房屋

对于常规的普通五点房,只需要点击五个点,程序即可生成房屋(见图 6-70),生成的房屋可以修改扩展属性,降到地面获取高度。在【三维测图】菜单中选择【五点房】。

(1)选择房屋编号"3103013 建成房屋"。

(2)在房屋的第一条边点击采集 2 个节点,其余 3 条边各点击采集 1 个节点。

(3)鼠标左键单击功能菜单上的【绘制】,绘制出房屋,见图 6-71。

(二)采集房角绘制房屋

将光标放在房角处,依次采集房屋的各个角点,结束后可以弹出【属性采集】界面,录入房屋结构、楼层数等相关属性信息。

(1)选择房屋编号"3103013 建成房屋"。

(2)快捷键启动"Ctrl+A"锁定高程。

(3)依次顺序方向采集房屋的各个角点。

(4)采集完角点后按快捷键"C"闭合,自动弹出窗口录入房屋结构和层数。

(三)采集墙面绘制房屋

这种房屋绘制方式是"以面代点"测量,只需要采集清晰面上的任意一个点,程序会自动拟合计算出房角点。采集过程中直接采集墙面,不需要房檐改正,省去房檐改正工作。

(1)选择房屋编号"3103013 建成房屋"。

(2)在墙面采集 1 点,将鼠标放在同一墙面的房檐上按"Shift+A"键,将第一个点高程升高到房檐(见图 6-72)。

图 6-70　五点房绘制启动界面

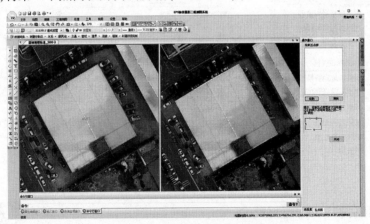

图 6-71　五点房绘制操作示意

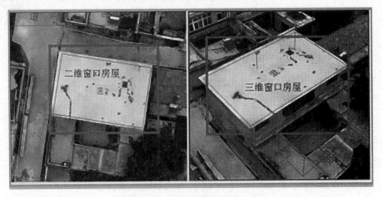

图 6-72　二、三维绘制房屋

（3）在同一个墙面上选择第 2 个点。

（4）在其他每个面上按住快捷键"Ctrl"，用鼠标左键单击直至回到第一个面。

（5）按快捷键"Shift+C"闭合。

（6）自动弹出窗口录入房屋结构和层数。

（7）选中房屋，将鼠标放在底部地面位置，三维绘图窗口使用快捷键"A"建立立体白模（见图 6-73）。

图 6-73 采集墙面绘制房屋

三、道路绘制

（一）多义线道路绘制

绘制道路，一个对象含多种线形（直线、圆弧与曲线），直线、圆弧与曲线是一个整体，采集编辑过程二、三维都支持快捷键。

（1）选择道路编码"4305034 支路边线"。

（2）绘制道路，绘制过程中可以用快捷键绘制：1（直线）、2（曲线）、3（圆弧）绘制多义线线形（见图 6-74）。

图 6-74 绘制多义线道路

(二)平行线道路绘制

测量道路,先沿着道路一边采集,采集结束后,在光标位置自动生成平行线。

(1)选择道路绘制编码"4305034 支路边线"。

(2)绘制道路,绘制结束后勾选加线状态中"结束生成平行线【P10 键切换】",见图 6-75。

(3)鼠标放置到道路另一条边线上单击鼠标右键,自动在鼠标位置生成道路平行线(见图 6-76)。

图 6-75　道路加线状态

图 6-76　生成平行道路

四、等高线制作

(一)高程点采集

启动高程点采集功能,输入高程点编码"7201001",在模型中鼠标左键单击需要采集的高程点位置,自动提取高程点高程信息,并标注高程。

码6-3　常见地形绘制

(二)高程点生成等高线

通过高程点构建三角网生成等高线,需要采用地模处理。

在菜单栏启动【地模处理】,选择【生成三角网】,见图6-77。

生成三角网 ✕

高程点来源对象编码　7201001　□启用

特性线编码　　　　　　　　　□启用
(允许多选,逗号分隔)

范围　　　边界限定值(m)　　选项
◉手绘　　最大边长 100　　☑允许非建模点参加构网
○选择　　最小高程 10　　□特性线的闭合区不构网
○全部　　最大高程 2000　□按图幅分别构网
　　　　　　　　　　　　构网优化 2 网形最佳 ⌄

三角网名= ☑EDB工程名 + 地形图1　　□显示构网信息
　　　　　　　　　　　　　　　　　　□形成图形文件

[开始构网] [保存] [删除] [退出]
信息

图6-77　地模处理生成三角网

(1)根据已有的高程点,选择【地模处理】→【生成三角网】。

(2)高程点来源对象编码:生成三角网时高程点来源对象编码是多个的用英文逗号隔开,如不勾选"启用",系统默认高程点来源于图面高程点。

(3)特性线编码:为了使数字地面模型更真实地表示实际地形,在建模时还必须考虑地形的特性线。特性线一般为地性线(山脊线或山谷线)、断裂线(陡坎、房屋等)等线状地物。特性线控制了三角网和等高线的生成形状,从而使作图者得到一种更加符合客观实际的地表模型(三角网)。

注:填写了特性线编码后必须勾选"启用"。

(4)范围:如果选择"手绘",用鼠标在目标区域画一个多边形范围线(单击鼠标右键闭合);如果选择"选择",用鼠标在目标区域选择一个闭合地物(线或面对象);如果选择"全部",则当前内存中所有建模点都将参加构网。

(5)最大边长:生成三角网时所允许的大三角形边长,通过设置大边长,可以有效控制狭长三角形的生成。

（6）最大高程、最小高程：小于小值或大于大值的高程点，在生成三角网时将被忽略。可使一些错误的高程点不参加构网。

（7）特性线的闭合区不构网：闭合特性线的闭合区域内不生成三角网。

（8）生成三角网：鼠标左键单击【开始构网】，系统将收集指定区域内的全部可参加建模的高程点按照角度大化原则自动构网（见图6-78）。

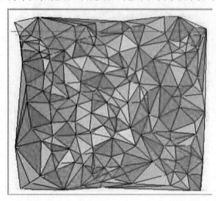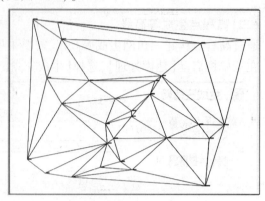

图 6-78　高程点绘制等高线

注意事项

（1）利用 Smart 3D 软件制作三维模型空三刺点时，区域中至少存在4个像控点才可以提交空三平差；刺点时尽量保证每个控制点的每个镜头至少刺5张照片，且不为连续性照片。

（2）空三精度满足要求后方可进行重建模型。

（3）重建模型前，进行瓦块分割时，软件会计算每个瓦块占用的内存，根据电脑实际配置确定大小即可。

（4）利用 EPS 软件进行裸眼测图时注意快捷键的使用。

拓展思考

（1）制作实景三维模型时为什么要至少刺4个控制点？

（2）为什么空三精度满足要求了才可以进行重建模型？

（3）模型单体化的目的是什么？

（4）裸眼测图绘制的地形图与传统地形测量方法绘制的地形图一样吗？

思政课堂

倾听北斗发展故事，弘扬新时代北斗精神

1993年，我国载着782个集装箱的货轮从天津港起航驶往迪拜，而当这艘货轮航行在印度洋上时，突然船停了，因为找不到航行方向，结果事后调查发现，原来是当时美国关

闭了该船的 GPS 导航服务,使得这条船不知道该向哪个方向行驶,在海上漂了 33 d,这就是当时的银河号事件。

美国 GPS 于 1973 年批准建设,并于 1994 年建成。当时正逢俄罗斯经济不断走低,格洛纳斯系统因失修等处于崩溃边缘,因此美国的 GPS 系统一度一家独大。中国和欧洲都想拥有自己的导航系统,北斗建立之初,中国的卫星导航技术明显落后于欧美。但欧洲为了不过度依赖美国的 GPS,便向中国抛出了"橄榄枝",共同开发伽利略卫星导航系统。中国为表诚意,先汇了 2.7 亿美元,作为参加欧洲主导伽利略导航系统的资金。但当时欧盟麾下各国明争暗斗,项目不断推迟。而中国虽然是投资方,却惨遭排挤,欧盟很多核心技术的研究都把中国排除在外。2007 年,欧洲正式将中国踢出了伽利略项目。

大国重器,唯有自力更生,独立的卫星导航系统,是政治大国、经济大国的重要象征,2020 年 7 月 31 日,北斗三号全球卫星导航系统正式建成开通。从 1994 年立项到 2000 年建成北斗一号系统,从 2012 年开始正式提供区域服务到 2020 年服务全球……26 年间,中国北斗人始终秉承航天报国、科技强国的使命情怀,探索出一条从无到有、从有到优、从有源到无源、从区域到全球的中国特色发展道路,从而使我国成为继美国、俄罗斯之后世界上第三个拥有自主全球卫星导航系统的国家。

这一刻,亲历了北斗研制的人们无比欢欣鼓舞。为了赶超世界先进卫星导航系统,几代北斗人接续奋斗、数十万建设者聚力托举,二十六载风雨兼程、九千日夜集智攻关,实现了北斗系统从无到有、从有到优、从区域到全球的历史性跨越,一次又一次刷新"中国速度",展现"中国精度",彰显"中国气度"。

仰望星空、北斗璀璨,脚踏实地、行稳致远。如今,颗颗北斗卫星环绕地球,成为夜空中最亮的"星",照亮了一个民族走向复兴的伟大梦想。前进道路上,我们测绘人要继续弘扬新时代北斗精神,以奋发有为的精神状态、不负韶华的时代担当、实干兴邦的决心意志,不懈探索、砥砺前行,为建成创新型国家和世界科技强国而努力。

来源:北斗卫星导航系统网站

项目七　无人机摄影测量工作案例

项目描述

结合无人机测绘项目工作案例详细讲述无人机测绘项目外业航飞像控设计与实施、内业数据处理、成果质量检查、技术总结方案编写,让学生熟悉无人机测绘项目整个实施过程。

教学目标

(1)能够进行无人机航线规划设计。

(2)能够进行像片控制测量。

(3)能够进行无人机测绘内业数据处理。

(4)掌握数据质量检查方法。

(5)熟悉质量检查报告编写方法。

(6)掌握技术总结报告编写方法。

项目实施

以云南省某地区 1:500 无人机测绘项目为工作案例详细讲述无人机测绘工作整个实施过程,包括测区踏勘、无人机航飞设计与实施、像片控制测量、内业数据处理、成果质量检查、技术总结方案编写。

任务一　项目踏勘

与甲方协调项目情况后,飞行队应及时组织人员进行现场踏勘,并收集资料。资料包括:

(1)了解测区近些天的天气状况(天气情况是能否顺利作业的关键因素)。

(2)利用手持 GPS 在测区四角打点,并做好相应记录。现场将测区四角坐标点输入电脑的 Google Earth 中,确认测区是否正确。

(3)了解测区的地形地貌,收集地形数据,查看测区四周的情况,是否有高山,若有,估算山的高度是否对飞行安全有影响。

(4)了解当地是否有机场,若有,了解机场与摄测区距离等。

(5)寻找飞行场地,要求周围视野开阔,无电线、高压线和高建筑物。

任务二　无人机测绘项目技术设计书编写

码 7-1　测绘技术
设计编写

无人机测绘项目技术设计书的主要内容包括以下 10 个方面:

1. 任务概述

　1.1　概述

　1.2　测区范围

　1.3　项目内容

2. 测区自然地理概况

3. 已有资料情况

　3.1　平面及高程资料

　3.2　地图图件资料

4. 作业依据

5. 主要技术指标及参数

　5.1　平面坐标系统

　5.2　高程基准

　5.3　成图规格

　5.4　成图方法和数学精度

6. 项目施测计划与拟计划投入人员、设备

　6.1　计划工作量

　6.2　投入技术人员

　6.3　投入设备

7. 设计方案

　7.1　作业流程

　7.2　测区踏勘

　7.3　测区控制测量

　7.4　像控测量

　7.5　无人机航空摄影

　7.6　实景三维模型生成

　7.7　地形图采集

　7.8　外业调绘及地物补测

　7.9　地形图整饰及图件整理

8. 质量管理

9. 安全生产措施

10. 提交成果资料

任务三　无人机航飞设计与实施

一、无人机航线设计

(一)航高确定

航高依据式(7-1)、式(7-2)进行计算：

$$H = f \times \frac{\text{GSD}}{a} \tag{7-1}$$

$$H_0 = H + h \tag{7-2}$$

式中　H——航高,m;

　　　f——相机镜头焦距,mm;

　　　a——像元尺寸,mm;

　　　H_0——摄影时的海拔高度;

　　　h——基准面高度;

　　　GSD——地面分辨率。

(二)摄影基准面选择

摄影基准面高程是通过 Google Earth 观察摄区地形起伏情况,选取摄区总体较平缓处的平均高程作为摄影基准面的参考。

依据式(7-3)确定基准面高度:

$$h_{\text{基}} = \frac{\sum\limits_{i=1}^{n} h_i}{n} \tag{7-3}$$

式中　$h_{\text{基}}$——基准面高度;

　　　h_i——摄区总体较低处的平均高程。

(三)像片重叠度确定

重叠度依据式(7-4)、式(7-5)进行计算:

$$p_x = p'_x + (1 - p'_x)\Delta h/H \tag{7-4}$$

$$q_y = q'_y + (1 - q'_y)\Delta h/H \tag{7-5}$$

式中　p_x、q_y——像片最高点的旁向重叠度和航向重叠度;

　　　p'_x、q'_y——基准面上像片标准旁向重叠度和航向重叠度;

　　　Δh——相对于摄影基准面的高差;

　　　H——航高。

(四)航线设计

根据摄影测量要求:旁向重叠度和航向重叠度一般大于85%。

公司无人机采用大疆精灵 4Pro 和 M600pro,航线设计软件使用大疆自带的 DJI GO App,按照旁向重叠度和航向重叠度的规范要求,考虑项目区域地形及相关天气等基本情况,来进行航线设计。

二、无人机航空摄影实施

(一)航摄前准备

(1)设备安装及调试。按照要求正确组装旋翼无人机和五拼相机。

(2)设备检查。组装完毕后,需要按照检查步骤逐一进行检查,确保飞行安全。

(二)无人机低空航摄实施

飞行结束后,及时下载 POS 点数据和影像数据,并整理 POS 点数据、影像数据、航线文件和回放文件,及时备份数据。

(三)数据预处理及航摄质量检查

飞行完毕后,对影像进行简单的预处理,对飞行质量和影像质量进行检查,确认影像质量是否合格、是否有漏拍等;否则,需要重拍和补拍。

(四)飞行质量检查

飞行完毕后,应在现场对飞行质量和飞行姿态等进行初步检查,以确认成果是否可用。通过下载 POS 点文件可以查看飞行姿态、航高变化差及相片有无漏拍情况,重叠度检查可以通过 PT-GUI 软件进行。下面是具体检查项目:

(1)重叠度是否达到相关规范要求。

(2)影像俯仰、滚转和旋偏角是否符合相关规范要求。

(3)航高变化差是否符合相关规范要求。

(4)有无漏拍等现象。

(五)影像质量检查

对影像质量进行初步检查,是否符合相关规范要求。要求如下:

(1)影像清晰,层次丰富,反差适中,色调柔和,能辨认出与地面分辨率相适应的细小地物影像,能够建立清晰的立体模型。

(2)影像上无云、云影、烟、大面积反光、污点等缺陷。

(3)曝光瞬间造成的像点位移小于 1 个像素。

任务四　像片控制测量设计与实施

一、像片控制测量设计

(一)像控点及检查点测量

像控点测量,是为航测内业成图提供必要的像片平面坐标和高程控制成果,是保证空中三角测量数学精度的关键环节,检查点是对空三加密成果进行精度自检,因此航测像控点和检查点测量工作必须严格按照相关的技术要求执行。

(二)像控点及检查点测量作业安排

(1)仪器设备:双频 GPS 接收机。

(2)利用测区内的已知点进行像控点测量,提供 2000 国家大地坐标系和 1985 国家高程基准成果。

(三)像控点及检查点测量精度

像控点相对邻近基础控制点的平面位置中误差不应超过±0.1 m。像控点相对邻近基础控制点的高程中误差不应超过±0.2 m。

(四)像控点及检查点布设方案

根据项目区情况,在 Google Earth 上截屏后根据《低空数字航空摄影测量外业规范》(CH/T 3004—2021)要求在截屏影像图上均匀布设像控点。然后外业根据实地情况,将图上布设的像控点通过现场用防雨布铺设"十"字形标志的方式布设于实地。

检查点均匀布设于测区内,检查点布设方式同像控点、检查点的个数不少于像控点总个数的 10%。

二、像片控制测量实施

像控点采用 GNSS-RTK 进行施测,像控点的施测精度和要求满足《低空数字航空摄影测量外业规范》(CH/T 3004—2021)的规定。

(一)像控点布设

外业像控点测区间布点情况:首先从每个测区外围布点,外围布点按照航向每 5 条基线布设一个平高像控点,旁向按 4 条航线布设一个平高像控点;而且测区外围像控点同时作为相邻测区的公共像控点,确保测区接边的精度。

外业像控点测区内布点情况:航线按每 5 条基线布设一个平高像控点的间隔,旁向按 4 条航线布设一排平高像控点的方案进行布点。

(二)像控点选点

(1)像控点位目标清晰,易于判刺,选点以地面、较坚固、不易变化的目标为主。

(2)像控点布在旁向重叠范围内,布设的像控点尽量共用。

(3)线状地物交叉点(正交最佳)、明显地物拐角点。

(4)选点位置避开各类高大建筑物、高压线、较大水面等,弧形地物及阴影未选作点位目标。

(三)像控点施测及精度

采用网络 RTK,在各分片区内,选出该片区分布均匀的 C 级及四等 GPS 控制点,现场通过点校正的方法获取坐标系转换参数;每天测量之前,利用该片区的校正参数对其他三、四等 GPS 控制点或已施测的影像控制点进行检测,各项精度指标符合要求后,进行影像像控点测量。

(四)像控点测量实施情况

根据项目区情况,将无人机所获取的影像进行快速拼接,制作成快速拼图,将快速拼图导入平板电脑,使用平板电脑在野外进行实地选取像控点,将所测像控点点位标记于快速拼图并拍摄远近照两张,编号为 XK001,XK002,…,XK724。此次共布设像控点 724 个。像控点和检查点均在点位目标清晰、易于判定、对空开阔的位置,且选在三度重叠以上的特征明显的位置。像控点均匀分布于测区四周和中间,检查点均匀分布于测区中间。影像像控点的观测采用单基站方式进行,基准站分别架设于不同地方,相对于同一基站,在RTK 移动站固定解情况下,间隔 2~5 s 平面、高程平滑观测两组,每组 10~20 次,取中数为最终成果;精度相当于图根点精度。经过检测数据的分析,各点位精度均符合规范规定的±0.05 m 的限差要求。

任务五　无人机航测内业处理

一、实景三维模型生产

三维模型生产采用 Smart 3D 建模软件,将获取的符合建模要求的重叠影像进行预处理,导入软件系统,人工给出一定数量的特征点,软件则自动匹配计算,进行模型生产,具体工作流程如图 7-1 所示。

(一)影像预处理

倾斜摄影完成后,对获取的测区影像进行质量检查,确定影像没有变形、扭曲等现象,对影像质量不符合要求的进行修复,对影像进行统一编号。

(二)自动空三加密

在自动建模软件上加载测区影像,人工设定一定数量的控制点,软件采用光束法区域网整体平差,以一张像片组成的一束光线作为一个平差单元,以中心投影的共线方程作为平差单元的基础方程,通过各光线束在空间的旋转和平移,使模型之间的公共光线实现最佳交会,将整体区域最佳地物点加入控制点坐标系中,从而得到加

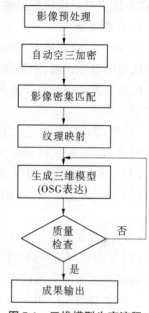

图 7-1　三维模型生产流程

密点成果,即从已知特征点推算出未知特征点,并自动抽取所有特征点,构成整个目标地区的特征点云。

(三)影像密集匹配

软件根据高精度的影像匹配算法,自动匹配出所有影像中的同名点,并从影像中抽取更多的特征点,从而更精确地表达地物的细节。

(四)纹理映射

由空三建立的影像之间的三角关系构成 TIN,再由 TIN 构成白模,软件从影像中计算对应的纹理,并自动将纹理映射到对应的白模上,最终形成真实三维场景。

(五)OSGB 表达

模型采用 OSGB 的数据格式,对所有建筑物的空间关系和纹理,均采用分层显示技术(LOD),分层多达 12 层以上,保证任何配置的计算机均能流畅地显示地物模型,充分详细地表达建筑物细部特征。

整个测区的模型一般分块计算输出,可根据需要设置输出模型分块的大小。模型分块的大小不同,模型密集匹配计算所需的时间长短也不相同,一般情况下,分块越大,需要的计算时间则越长。相同大小的模型块,密集匹配计算时间的长短也会有所差别,甚至差别较大;地物的种类和数量的不同,导致点云的密集程度差别很大,相应的计算时间的长短则差别较大。一般情况下,点云越密集,计算时间则越长。3D Modeling factory 快速建模技术,不仅模型生产效率高,模型精度也很高,可以精细地表达地物的真实细节。

二、地形图绘制

采用倾斜摄影测量的方式进行 1 : 500 地形图的采集是在清华山维 EPS 软件下进行的,首先把实景三维模型加载到软件内,然后在模型上进行裸眼采集。具体要求如下。

(一)总体要求

碎部测绘、内业编辑、图幅整饰依据相应的图式规范进行测绘和表示,数字化图的图形属性和信息应正确,不得含有错误的、虚假的图形属性和信息,数字化图上的各级控制点坐标及高程必须与已知成果完全一致(包括取位),图面所反映的信息应与数字化图上的信息一致。

(1)碎部点高程注记采用全注记方式,小数注记至厘米,要求图上高程点密度要根据实地测绘,合理表示,碎部点展绘点位要求全部保留,只删除展绘点号。

(2)控制点高程为四等及以上等级的高程值,小数注记至毫米,其余为厘米。

(3)地形变化特征点(山顶、山脊、山谷、变坡点等)、斜坡顶部、底部需实测注记高程点。

(二)道路测绘

(1)公路应测绘出路边线和铺面线,并加注路面等级和道路编号,实测路肩线、有效路面边线及相应的附属设施,图上每隔 5 ~ 10 cm 应测注路中高程点,交叉路口应测注高程点。图上每隔 15 ~ 20 cm 应注记路名、国道编号、路面材料,按《国家基本比例尺地图图式 第 1 部分 : 1 : 500、1 : 1 000、1 : 2 000 地形图图式》(GB/T 20257.1—2017)(简称《图示》)中规定的注记方向注记,路名、国道编号、路面材料用规定字体注记,路肩线以 0.2 mm 表示,有效路面边线宽以 0.4 mm 表示,

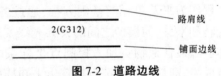

图 7-2　道路边线

如图 7-2 所示。

(2)机耕路(大路)(路面经简易铺修,但没有路基,能通行大车和拖拉机,也可通行汽车)、依比例的乡村路(不能通行大车和拖拉机,供行人来往的主要道路)需要实测弯曲变化处,并按《图式》中光影法则同时表示虚、实路边线,线宽以 0.2 mm 表示;不依比例尺乡村路、小路等需实测弯曲变化处,线宽以 0.3 mm 表示。

(3)桥梁、道路下穿通道、涵洞需实测,桥梁需注记建筑材料,桥梁、道路下穿通道顶部和底部测注高程点或量注比高。涵洞底部应测注高程点或量注比高,如图 7-3 所示。

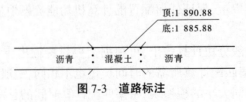

图 7-3　道路标注

(三)水系测绘

(1)河流水面的弯曲变化处需测注高程点,注记用左斜 15° 的黑体注记表示,大小比例应适当,但同一湖泊、水库、河流应用同样规格的注记表示,并用相应字体 2.0×0.8 注

记观测日期及水面高程,例如"$\dfrac{1890.54}{2014.9.8}$"。池塘无明显坎边时需实测水涯线并适当注记高程点,有明显坎边时,实测坎边可不表示水涯线,池塘需测注水底高程点。

(2)水沟应测注沟底高程,图上宽度小于 2.0 mm 的双线水沟,不表示坎,以水涯线边线表示。河流的水涯线,按测图时的水位测定,水涯线与陡坎线在图上投影距离小于 1 mm 时用陡坎符号表示,沟渠在图上宽度小于 1 mm 的用单线表示,沟底适当标注高程点。

①两条单线沟汇集为一条单线沟时的表示方法见图 7-4。

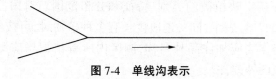

图 7-4　单线沟表示

②两条双线沟汇集为一条双线沟时的表示方法见图 7-5。

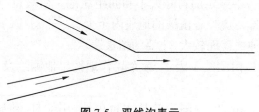

图 7-5　双线沟表示

(3)测区内的塘、拦河坝等水源工程,测注坝(堤)顶高程和坝(堤)脚高程,水塘应测注塘顶边高程,并标注其最高水位、最低水位及平均水位和灌溉渠首水位(或高程),水井应测注井台高程;涵洞应测注洞底高程,并标示涵洞的宽度及高度(孔径)。

(四)房屋测绘

(1)指定区域房屋的测绘方法:指定区域房屋只测小区(居住区)外围,但道路与小区(居住区)交接处要准确测绘其位置,与其相邻的建(构)筑物应完整表示。

(2)指定区域外房屋的测绘方法:指定区域外的房屋按实地结构、分层、材料的不同分别测绘表示,一般不允许综合表示,采用房屋信息注记方法注记结构及层数。房屋的附属设施应实测表示,房屋附近的地形应详细测绘。厂矿、工业设施等地区中用于生产的其他构筑物,应实测外形尺寸并注记主体结构材料、用途等(见图 7-6),有图式符号的用符号表示。

图 7-6　房屋标注

(3)围墙实测拐点和宽度,宽度图上按 0.20 m 表示,实地大于 0.5 m 的门墩、长度大于 2.0 m 的门顶应测绘表示。

(五)线路测绘

(1)电力线、通信线应实测电杆位置,并按实地情况连接交待清楚,骨架线完整保留。电杆、铁塔位置实测。当多种线路在同一杆架上时,只表示主要的。建筑区内电力线、电信线不连线,只绘方向箭头,但必须走向明确。

(2)电杆、管线应实测杆位和桩位,电力线(高压)、通信线除按相应符号表示外,还必须注记电压伏数。

(3)电力线、通信线使用同一电杆时,只表示高一级的,其顺序为输电线、配电线、通信线,各种线路应做到线类分明,走向合理、连贯。

(4)管道按《图式》要求表示,架空管道要按实际位置测绘表示,多根管道并列时,只表示其中一根主管道并赋其性质。架空的、地面上的、有管堤的管道都必须实测,分别用相应符号表示,并注记传输物质名称。

(六)植被测绘

(1)地形图上应正确反映植被的类别、特征和分布范围。对田、地、经济园林等均应实测范围并配置相应的符号表示,同一地段生长有多种植物时,可按经济价值和数量进行取舍。经济作物、油料作物应加注品种名称,测区内所有植被均应测绘并用相应符号表示,不采用省略符号或图外附注。

(2)植被按分类实测地类界,对不能分类的混合植被,可依图式进行混合测绘并注记表示,植被注记按《图式》中规定的符号大小和间距注记。植被符号一般采用面填充法均匀在图上表示,要确保每一块长有植被的地块内至少一个对应的植被符号,套种两种以上的植被,应选其中一种覆盖面较大、主要的植被表示。

(3)水旱轮作地按稻田测绘及表示;粮菜轮作地按旱地测绘及表示;有固定喷灌设施的,应注记"喷灌"。

(4)未达到成熟的林分,以及固定的林木育苗地,用幼林、苗圃符号表示,分别加注"幼""苗"。

(七)地形地貌图测绘

(1)自然形成和人工修筑的坡、坎,其坡度在70°以上时表示为陡坎,坡度在70°以下时表示为斜坡,当坡、坎比高小于1/2基本等高距或在图上长度小于5 mm时,不表示。

(2)坎子、地形变化点必须测注比高和高程。自然形态的地貌用等高线表示,崩塌残蚀地貌、坡、坎和其他特征地貌应用相应符号配合等高线表示。等高线处理必须合理、光滑。等高线必须连续完整,不得出现断头。

(3)加固边、路堑、坡加固坎、冲沟、土坎等顶部和底部需测注高程点。

(4)测绘制大面积等高线宜采用高程点建立 DTM,建模前应消除错误的高程点,建模后应对 DTM 三角形进行适当的编辑处理,以保证绘制的等高线的正确性和合理性。对于小范围的、复杂的局部地区,宜采用手工绘制方法进行,但需注意绘制的等高线与周围的高程点的内插精度,不应出现点线矛盾的现象。

(5)陡坎、路堤、路堑、陡岸等地貌都必须测绘表示。比高大于 0.5 m 时测注比高。各种天然或人工修筑的坡、坎等,其斜坡在图上的投影小于 2 mm 时用陡坎表示,其斜坡在图上的投影大于 2 mm 时用斜坡符号表示。

(6)等高线进出坎、斜坡要合理,不应出现等高线穿越房屋、坎、水沟、河流、依比例尺道路等不合理的现象,计曲线线宽用 0.3 mm 表示,首曲线线宽用 0.15 mm 表示。

(7)不得出现等高线高程赋值不正确和线宽颜色混乱的现象,等高线注记字头朝向坡顶。不采用断开等高线的方式,坡顶、山谷、凹塘应加绘示坡线。

地貌标注见图7-7。

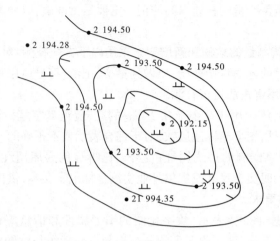

图 7-7　地貌标注

(八) 其他地物测绘

(1)移动基站及电力塔架的测绘:实地测绘塔架的四脚,并选择适当位置注记高程。

(2)独立坟以坟头位置为准用相应的独立地物符号表示,群坟用地类界测定其范围,除用相应符号表示外,还应注记坟的冢数,群坟表示方法如图7-8所示。

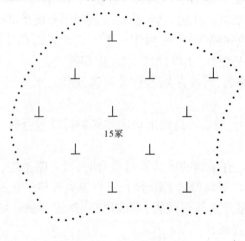

图 7-8　其他地物标注

(九) 外业调绘及地物补测

(1)本项目使用原始影像叠加线划图分幅打印进行调绘。

(2)外业调绘时应认真仔细,做到"三清四到"(天天清、片片清、点点清,跑到、看到、量到、表示到),注意地物结构的合理性和完整性,及时自查互校。

(3)凡本测区内的地物、地貌要素均需由外业在实地进行调绘,并对影像看不清、判不准,以及航摄后新增、变化地物,均需在野外补测、补调。外业调绘的内容在图上表示时必须清晰易读,各种注记要准确无误,位置恰当,书写工整。对于山上面积较大的林地,尤其是树木密集、树冠覆盖严密的林地树高注记一定要尽量准确,以便为采集等高线时提供比高参考。

(4)内业无法判读测量的地物和新增要素采用以下方式补测:对于单个、小范围的地物,一般采用皮尺丈量的方法直接补绘,要做到量准、记清,符号运用和绘制正确。对于大范围的新增地物要采用解析法进行补测。

(5)外业调绘内容统一用线宽小于 0.2 mm 的红、蓝色签字笔标注在像片图上,调注的房屋不需要画线,只用签字笔标注层数,对于综合表示或不正确的、多余的东西,应该用红色"×"叉掉,需要重新绘制的边线用红色绘出,已拆除的房屋用红色"×"叉去,新增地物必须画线,且准确标明交会尺寸或提供外业实测坐标电子文本,供内业编辑使用。

(十) 地形图整饰要求

(1)图幅整饰依据《图式》表示,数字化图的图形属性和信息应正确,不得含有错误的、虚假的图形属性和信息,数字化图上的各级控制点坐标须与已知成果完全一致(包括取位),图面所反映的信息应与数字化图上的信息一致。

(2)图上注记字体应按《图示》要求,图廓整饰邻接图表采用图号。文字、高程注记压盖地物要进行合理的移动处理,不宜剪断线条,出图前要进行接边和适当的消隐处理。

(3)图上各要素代码基本按《1:500、1:1000、1:2000 地形图要素分类与代码》执行,并适当补充完善。

(4)图上所有居民地、道路、街巷、沟谷、河流等自然地理名称,均应调查核实,有法定名称的应以法定名称为准进行注记,名称注记应使用国务院批准的简化字。

(5)图上高程注记点每隔 3.0 cm 测注一个。应优先选在公路路面中心和主要堤坝的坝顶及主要建筑物的基角处、土堆顶部、坑穴底部等。

(6)村名、山名、道路名、行政区划名称及河流、湖泊、水库名称的注记以当地民政局批准的为准。

(7)双线道路与房屋、围墙等高出地面的建筑物边线重合时,可以建筑物边线代替路边线。

(8)地类界与地面上有实物的线状符号重合时,可省略不绘;地类界与地面上无实物的线状符号(如架空管线、等高线等)重合时,可将地类界移位 0.3 mm 绘出。

(9)等高线遇到房屋及其他建筑物,双线道路、路堤、路堑、坑穴、陡坎、斜坡、双线河的注记等均应在适当位置断开。

(10)各种符号和注记需严格按《图式》规格表示和配置,同一地类界范围的植被,其符号可均匀配置间隔不超过 3 cm,同一地类界范围内有两种以上植被时,表示其主要植被。地类界与地面上有实物的线状符号重合时,可省略不绘;地类界与地面上无实物的线状符号重合时,将地类界移位 0.2 mm 绘出。

(11)碎部点高程注记采用全注记方式,小数注记至厘米,要求图上高程点密度要根据实地测绘,合理表示,碎部点展绘点位要求全部保留,只删除展绘点号。控制点整饰时,高程精度为四等及以上等级的高程值,小数注记至毫米。

任务六　数据质量检查与质检报告编写

码 7-2　测绘质量
检查报告编写

一、检查依据的技术标准和文件

（1）《全球定位系统实时动态测量（RTK）技术规范》（CH/T 2009—2010）；

（2）《国家基本比例尺地图图式　第 1 部分：1∶500、1∶1000、1∶2000 地形图图式》（GB/T 20257.1—2017）；

（3）《无人机航摄安全作业基本要求》（CH/Z 3001—2010）；

（4）《无人机航摄系统技术要求》（CH/Z 3002—2010）；

（5）《低空数字航空摄影测量内业规范》（CH/T 3003—2021）；

（6）《低空数字航空摄影测量外业规范》（CH/T 3004—2021）；

（7）《低空数字航空摄影规范》（CH/T 3005—2021）；

（8）《基础地理信息数字成果　1∶500、1∶1000、1∶2000 数字正射影像图》（CH/T 9008.3—2010）；

（9）《基础地理信息数字成果　1∶500、1∶1 000、1∶2 000 数字线划图》（CH/T 9008.1—2010）；

（10）《测绘技术设计规定》（CH/T 1004—2005）；

（11）《测绘技术总结编写规定》（CH/T 1001—2005）；

（12）本项目技术设计书及批复；

（13）双方签订的测绘合同。

二、质量检查实施

（一）检查步骤、方法及内容

根据现行有效的国家和行业相关测量规范要求，对本次测绘项目的文字报告、控制测量成果资料、像控点测量资料，外业航飞原始数据，空中三角测量报告，实景三维模型及图件资料等进行检查。

1. 检查步骤

（1）听取项目负责人的工作情况汇报。

（2）内业检查各项成果资料。

（3）外业实地测量检查。

（4）检查意见反馈。

（5）内业数据处理。

（6）编写检查报告。

2. 检查方法

内业对文字报告、控制测量，各项技术报告文字资料等进行 100% 检查；图件资料内业按抽查比例大于 51%、外业实地检查大于 30% 的规定进行检查。

3. 检查内容

1) 文字报告的检查内容

文字报告的检查内容包括技术设计(实施方案)、技术总结、自检报告、工作报告、测量仪器检定资料等。

(1)文字报告:主要检查是否按规定编写了文字报告,文字报告是否齐全,内容是否翔实、有无错漏等。

(2)仪器检定资料:主要检查参与工程项目的测量仪器与检验仪器是否一致并在有效期内。

2) 图件、文字资料内业检查内容

(1)检查控制点密度是否符合相关规范要求,综合取舍是否恰当。

(2)图根点布设是否合理,精度是否符合相关规范要求。

(3)像控点及平高点、像控点检查点布设是否合理,精度是否满足相关规范。

(4)空中三角测量成果报告精度是否满足相关规范要求。

(5)实景三维模型成果质量检查。

(6)1:500地形图表达、取舍是否合理,图面整饰情况、接边精度、地物地貌位置精度是否满足各项技术规范要求等。

3) 外业检查内容

外业检查主要采取实地巡视检查(主要了解控制点的选埋情况及地形图的施测情况)及采用全球定位系统 GNSS 对部分控制网点进行复测对照、对全站仪实测边长进行比对;用全球定位系统 GNSS-RTK 或全站仪对地物点、地形点进行实地测量、勘丈地物边长等方法进行检查。

(二)具体实施情况

1:500 地形图测绘采用无人机摄影测量和清华山维 EPS 裸眼测图相结合的方法进行,并根据后续工程建设项目需要,采用 GNSS-RTK 图根测量方法布设了 617 个图根点,地形图等高距均为 0.5 m。

1. 内业检查情况

1:500 地形图共布设图根点 617 个,测绘面积为 34.26 km²,制作标准分幅 1 092 幅,内业检查 1 092 幅,检查比例 100%。总体来看,各等级控制点及图根点分布均匀,满足相关规范要求,绝大多数地形图成图质量较好,但也有少部分地形图存在不足,检查情况如下:

(1)图幅分幅、编号符合规定;地物、地貌各要素主次分明、线条清晰、位置表示准确、相互间交接比较清楚;高程注记点点数满足要求;各种符号绘制符合规定;村庄、单位名称注记位置比较适当,有少部分遗漏地物情况;等高线线划合理、无遗漏,与高程注记点没有矛盾;图幅整饰清晰美观。

(2)不足的地方是少数图幅高程注记点压盖地物,少数高程注记点注错,线划不够圆滑,部分绘有植被符号的地块没有注明树种,部分地块植被符号绘错,部分图幅文字注记字体大小没有与全测区统一。以上不足之处测区作业人员均在现场进行了改正。

2. 外业巡视检查情况

测区外业检查面积分别为 34.26 km²,检查比例 ≥50%。

外业检查情况如下：

（1）居民地内房屋轮廓测绘准确，道路、管线、水系及附属设施测绘正确，取舍得当，性质表示正确；植被测绘，能够正确反映植被的类别特征和范围；符号应用正确；地形地貌的描绘较形象逼真。

（2）不足的地方是：部分图幅内电线连错；个别作业员所测图内水沟未标注流向。问题检查出来后，测区作业人员已全部整改完成。

3. 数字化测图精度检查情况

（1）外业抽查了183个图根点，沿测区均匀分布，图根点平面位置中误差为±0.036 m，高程中误差为±0.049 m，满足要求。

（2）像控检查点平面中误差为±0.041 m，高程中误差为±0.048 m，满足相关规范要求。

（3）各测区经过区域网平差结束后，绝对定向后定向点、检查点均满足要求，空三加密结果可以提供给下步工序使用。

（4）碎部点平面位置中误差为±11 cm，高程注记点高程中误差为±13 cm，均在限差要求范围内，满足规范要求（因统计表数据量过大，附电子版精度统计表）。

本次测图检查情况数学精度良好。

综合分析，整个项目地形图质量良好。质量评定为：良好。

（三）检查验收结论

控制点及图根点布设合理，施测方法正确，成果资料齐全，精度可靠。

地形图图面美观整洁，综合取舍合理；图式符号运用正确，图面清晰易读；高程点精度可靠，密度适当；等高线走向合理，能够准确反映实地的地形、地貌及细部特征。

地形图数据分层正确，代码无误，线形合理，文字注记的分类正确，满足技术设计及相关规范的要求。

经检查，项目1∶500地形图测绘成果资料精度良好，成图质量合格。提交的成果、成图资料均能满足规范要求，同意提交甲方验收使用。

任务七　技术总结报告编写

一、项目概况

（一）任务目的

为满足区域开发建设需要，为城市总体规划、区域控制性详细规划、修建性详细规划提供基础测绘资料。为项目选址、用地报批、场地平整等工作提供基础数据。×××公司按照合同要求承担项目1∶500地形图测量，该项目采用航空摄影测量的方法进行。

码7-3　测绘技术总结编写

接受委托后，×××公司于6月21日进入测区开始开展控制测量、像控测量和无人机航飞，于6月28日完成控制测量、像控点测量及无人机航飞工作。由于工期紧张，航飞结束后在内业做空三和三维采集的同时，外业调绘组同步开展调绘作业，最终成果于7月

20 日提交,现将工作情况总结如下。

(二)测区范围

测区南北长约 31 km,东西宽约 7 km,呈不规则带状分布,共由沿江一带河流台地及大小 8 条沟谷组成。测区范围如图 7-9 所示。

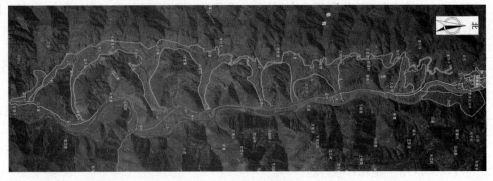

图 7-9　测区范围示意

(三)测区自然地理概况

测区位于云南省西北部,东经 99°09′~99°34′,北纬 25°33′~26°32′。最大横距 58 km,最大纵距 108 km,面积 3 203.04 km²,距云南省会昆明 569 km。

地形地势以一江两山为主体,地势北高南低,地处横断山脉南端的滇西纵谷区。境内最高点为丫扁山峰,海拔 4 161.6 m,最低点为石头寨,海拔 738 m,相对高差 3 423.6 m,形成了典型的 V 形高山峡谷地貌景观。地表山峰林立,沟壑纵横,地势崎岖,“山高谷深,平地少”是泸水全境地貌的最大特点。

测区属印度洋热带季风气候,交通方便。境内气候主要受印度洋热带季风的影响,表现为干湿明显,同时受复杂的地形背景和大气环游的影响,地域差异明显,地形气候、地方性气候和局部性小气候十分突出,有“一江两山三气候”“一山分四季,隔里不同天”之说,立体气候特别明显。

(四)完成工作量

(1)完成项目区像控测量,其中制作像控点 724 个。

(2)完成项目区 34.26 km² 实景三维模型制作。

(3)完成项目区 34.26 km² 1:500 地形图采集、调绘和最终成图工作,制作标准分幅 1 041 幅。

二、投入技术人员与设备

(一)投入技术人员

根据本项目工作量,投入工作人员 50 人,共分为 15 个组,其中:控制测量 2 个组、无人机航摄 2 个组、像控测量 1 个组、内业 6 个组、外业调绘 8 个组。

(二)投入设备

本项目共投入大疆经纬 M600pro 六旋翼无人飞行器 2 架,大疆精灵 4Pro 四旋翼无人飞行器 2 架,鸿鹄牌五拼航测相机 2 套,双频 GPS 接收机 10 套,拓普康全站仪 2 台,台式电脑 30 台,笔记本电脑 10 台,惠普大型彩色绘图仪 2 台及 EPS 全数字摄影测量工作站,ArcGIS、INPHO 等各类软件。

三、已有资料情况

(一)平面及高程资料

测区附近有 C 级点 Q01、Q02 和 Q03 三个,平面成果为 2000 国家大地坐标系,高程成果为 1985 国家高程基准,经实地勘察,点位保存完好,可以作为平面和高程起算使用。

(二)地图图件资料

1:10 000 及各种政区图、交通图及 Google Earth 套合测区范围图可用于本项目的工作参考用图。

四、技术设计依据

(1)《全球定位系统实时动态测量(RTK)技术规范》(CH/T 2009—2010);

(2)《国家基本比例尺地图图式　第 1 部分:1:500、1:1 000、1:2 000 地形图图式》(GB/T 20257.1—2017);

(3)《无人机航摄安全作业基本要求》(CH/Z 3001—2010);

(4)《无人机航摄系统技术要求》(CH/Z 3002—2010);

(5)《低空数字航空摄影测量内业规范》(CH/T 3003—2021);

(6)《低空数字航空摄影测量外业规范》(CH/T 3004—2021);

(7)《低空数字航空摄影规范》(CH/T 3005—2021);

(8)《基础地理信息数字成果　1:500、1:1 000、1:2 000 数字正射影像图》(CH/T 9008.3—2010);

(9)《基础地理信息数字成果　1:500、1:1 000、1:2 000 数字线划图》(CH/T 9008.1—2010);

(10)《测绘技术设计规定》(CH/T 1004—2005);

(11)《测绘技术总结编写规定》(CH/T 1001—2005);

(12)本项目技术设计书及批复;

(13)双方签订的测绘合同。

五、无人机航空摄影

1:500 地形图制作采用大疆 M600pro、大疆精灵 4Pro 型无人机(见图 7-10),采用 GPS 导航定位,摄影相机使用鸿鹄五拼相机拍摄,整个测区共飞行 405 个架次,飞行航程约 3 500 km,共获取 136 506 张影像。

(一)无人机性能

×××公司采用大疆科技有限公司生产精灵 4Pro 和 M600pro 无人机,如图 7-10 所示,飞行参数如表 7-1 所示。

图 7-10　大疆精灵 4Pro 和 M600pro 无人机

表 7-1　M600ro 无人机飞行参数

项目	参数	项目	参数
最大空速	18 m/s	巡航空速	10 m/s
最大飞行高度	海拔 2 500 m	任务荷载	500 G
最大上升速率	5 m/s	航时	28 min
航程	8 km	标准作业航程	7.5 km
轴距	1 133 mm	控制距离	5 km

(二)航线设计

获取优于 0.05 m 分辨率的影像,根据项目区的具体地形情况和航向 85%、旁向 85% 的重叠度来设计,飞行高度为 80 m,大疆精灵 4Pro 航线设计如图 7-11 所示,大疆经纬 M600Pro 搭载鸿鹄五拼相机航线如图 7-12 所示。

图 7-11　大疆精灵 4Pro 航线设计图

图 7-12　大疆 M600Pro 航线设计图

(三)低空航摄

所有工作准备就绪后,开始进入飞行作业,于 7 月 12 日下午完成航飞任务,共飞行 405 架次。

(四)飞行质量与影像质量

1.飞行质量

飞行完毕后,在现场对飞行质量和飞行姿态等进行初步检查,以确认成果是否可用。通过下载 POS 点文件查看飞行姿态、航高变化差及像片有无漏拍情况,通过 pix4D 软件进行重叠度检查。下面是具体检查项目:

(1)重叠度均达到相关规范要求。

(2)影像俯仰、滚转和旋偏角均符合相关规范要求。

(3)航高变化差符合相关规范要求,部分架次飞机拐弯地方超限,已剔除。

(4)无漏拍等现象。

经检查均符合相关规范要求,可以提交内业数据处理。

2.影像质量

对影像质量进行初步检查,符合相关规范要求。

(1)影像清晰,层次丰富,反差适中,色调柔和,能辨认出与地面分辨率相适应的细小地物影像,能够建立清晰的立体模型。

(2)部分影像有薄云,无烟、大面积反光、污点等缺陷。有些仅有小面积反光,但不影响立体模型的连接和测绘,可以用于后期处理。

(3)曝光瞬间造成的像点位移小于 1 个像素。

(4)拼接影像无明显模糊、重影和错位现象。

经检查,影像数据可以提交内业使用。

六、像片控制点测量

像片控制点采用 GNSS-RTK 进行施测,像控点的施测精度和要求满足 1:500 测图要求。

像片控制点测量参考本项目任务四像片控制测量设计与实施相关内容。

七、三维模型生产

三维模型的生产采用 Smart 3D 建模软件。将获取的符合建模要求的重叠影像进行预处理,导入软件系统,人工给出一定数量的特征点,软件则自动匹配计算,进行模型生产,具体工作流程如图 7-1 所示。

(一)影像预处理

摄影测量完成后,对获取的测区影像进行质量检查,确定影像没有变形、扭曲等现象,对影像质量不符合要求的进行修复,对影像进行统一编号。

(二)自动空三加密

在自动建模软件上加载测区影像,人工给定一定数量的控制点,软件采用光束法区域网整体平差,以一张像片组成的一束光线作为一个平差单元,以中心投影的共线方程作为平差单元的基础方程,通过各光线束在空间的旋转和平移,使模型之间的公共光线实现最佳交会,将整体区域最佳地加入控制点坐标系中,从而得到加密点成果,即从已知特征点推算出未知特征点,并自动抽取所有特征点,构成整个目标地区的特征点云。经过导入影像和编辑像控点两步操作后,即可提交空中三角测量解算,设置位置参考和平差等级,平差等级越高则计算量越大,将影响数据处理速度。提交完成后,计算机进行自动计算,运行结束后,查看空三计算报告。通过 Smart 3D 软件空三加密联合平差处理后,建立三维模型,对空中三角测量平差精度进行分析(见表 7-2)。采取定向点和检查点检验模型精度,定向点误差为由其对应相控点像点坐标解算后的坐标值和野外测量控制测量坐标值的差值,称为残差。检查点误差由空三解算连接点和野外测量检查点坐标值的差,也称为残差。该项目共建 10 个工程,分别为 NJ1,NJ2,NJ3,…,NJ10,最终精度报告如表 7-2 所示,精度满足 1:500 成图,可以提交下一步。

表 7-2　空三精度统计

点别	山地平面中误差/m	山地高程中误差/m
定向点	0.013	0.017
检查点	0.025	0.026

(三)影像密集匹配

软件根据高精度的影像匹配算法,自动匹配出所有影像中的同名点,并从影像中抽取更多的特征点,从而更精确地表达地物的细节。

(四)纹理映射

由空三建立的影像之间的三角关系构成 TIN,再由 TIN 构成白模,软件从影像中计算对应的纹理,并自动将纹理映射到对应的白模上,最终形成真实三维场景。

(五)OSGB 表达

模型采用 OSGB 的数据格式,对所有建筑物的空间关系和纹理均采用分层显示技术(LOD),分层多达 12 层以上,可以保证任何配置的计算机均能流畅地显示地物模型,充分详细地表达建筑物细部特征。

整个测区的模型一般分块计算输出,可根据需要设置输出模型分块的大小。模型分块的大小不同,模型密集匹配计算所需的时间长短也不相同,一般情况下,分块越大,需要的计算时间越长。相同大小的模型块,密集匹配计算时间的长短也会有所差别,甚至差别较大;地物的种类和数量的不同,导致点云的密集程度差别很大,相应的计算时间的长短则差别较大。一般情况下,点云越密集,计算时间越长。3D Modeling factory 快速建模技术,不仅模型生产效率高,而且模型精度也很高,可以精细地表达地物的真实细节。测区局部真三维建模成果如图 7-13 所示。

图 7-13 测区局部三维模型

八、地形图采集

使用清华山维的 EPS 地理信息工作站平台下的倾斜测图模块,以 Smart 3D Capture 软件生成的高分辨率三维模型为基础,内业裸眼采集 1:500 地形图要素,如图 7-14 所示。

碎部测绘、内业编辑、图幅整饰依据相应的图式规范进行测绘和表示,数字化成图的图形属性和信息正确,无错误的、虚假的图形属性和信息,数字化图上的各级控制点坐标及高程必须与已知成果完全一致(包括取位),图面所反映的信息应与数字化图上的信息一致。

(1)碎部点高程注记采用全注记方式,小数注记至厘米,图上高程点密度合理表示。

(2)控制点高程为四等及以上等级的高程值,小数注记到毫米,其余为厘米。

(3)地形变化特征点(山顶、山脊、山谷、变坡点等)、斜坡顶部、底部都注记了相应的高程点。

图 7-14　实景三维模型裸眼采集

(一)碎部测绘

道路测绘、水系测绘、房屋测绘、线路测绘、植被测绘、地形地貌图测绘和其他地物测绘采集参考任务五无人机航测内业处理部分的地形图绘制中的各类地物测绘。

(二)调绘成图

调绘成图参考本项目任务五无人机航测内业处理部分的外业调绘及地物补测内容。

(三)地形图整饰

地形图整饰参考本项目任务五无人机航测内业处理部分的地形图整饰要求内容。

九、质量保证措施执行情况

(一)组织管理措施

为保证项目的顺利实施,现场成立了项目部,项目经理部设总工程师 1 名,项目经理兼技术负责 1 人,质检员 5 人,安全员 1 人,同时设有控制测量组 2 个,外业航摄组 7 个。内业数据处理负责人 1 人,数据处理人员 20 余人,总工程师负责项目的全面工作整体运行;项目技术负责人主要负责项目设计书的审核及技术问题的解决;项目安全员主要负责日常安全及与本项目相关单位的协调联系;项目质检员主要负责项目过程检查及最终检查的实施。

(二)资源保证措施

(1)人力资源:本项目现场共计投入 50 人,均是长期从事大地测量、摄影测量和工程测量的专业技术人员,具有丰富的工作经验。其中,高级工程师 2 人,工程师 10 人,助理工程师及技术员 8 人,各专业技术人员 30 人。

(2)软、硬件装备:所有相关软件均经过了测试,准确可靠。合格的仪器设备保证了按计划投入,所有使用的各类测绘仪器均在省法定单位检定使用有效期内。在作业期间按相关规范的有关规定进行了检验和校正,保持了其正常的使用状态。作业人员全部选用了本单位合格的上岗人员进行作业。

(三)质量控制措施

在技术设计、生产、检查、验收等各环节均严格执行了《质量手册》《质量体系文件》等文件,实行了二级检查一级验收。

(1)全面推行×××公司测绘成果质量管理制度,对项目生产实行了全程的技术质量监控管理。

(2)依据任务量,投入了相应的测绘生产人员和技术力量,配备了足够的、经过计量单位鉴定的、合格的仪器设备。

(3)设立了工程项目负责人,技术负责人和专职质量检查员,以确保测绘成果成图质量。

(4)技术质量监控小组采取以预防为先,重点抓基础测绘生产过程工序质量监控管理的方法,对生产的各个阶段进行了事前指导、中间监控、成果抽检,实行全过程的管理。

(5)对测绘成果成图进行了二级检查一级验收,即自查互检,专职质检员检查和公司最终检查。自查互检内外业均进行了100%的检查;专职质检员的检查,外业检查比例不低于20%,内业进行100%的检查。经过作业组自查及质检部检查合格的成果再提交×××公司进行最终检查,×××公司最终对上交的成果进行了抽样检查,外检抽查比例未低于5%,内审比例未低于20%。经全部检审合格的成果再提交甲方验收。

(四)数据安全措施

严格执行×××公司制定的测绘档案资料管理办法和测绘资料保密制度,项目生产期间所有数据文件均及时进行了存盘备份处理。项目部还指派了专人对生产成果、计算机实施管理,严禁任何人利用生产的计算机上网,避免了病毒袭击,确保了数据安全。

十、检查验收

按照"两级检查一级验收"制度进行本工程测量全过程的质量管理工作,以确保测绘成果的质量,具体做法如下:

(1)外业工作中,各作业小组加强自检互检,杜绝外业工作中的差、错、漏。

(2)在小组自检互检的基础上,项目部对整个测区的所有成果资料认真进行了检查验收。对全部成果资料进行了100%的内业检查,外业检查以巡视及设站打点的方式进行,对1:500地形图随机散点检查地物点4 986个,碎部点平面位置中误差为±11 cm,高程注记点高程中误差为±13 cm,均在限差要求范围内,满足规范要求。对内外业检查过程中发现的差、错、漏等问题均已做了修改更正。

(3)项目部检查验收后,提交×××公司质检部检查验收,对检查验收过程中所提出的问题,作业员进行了修改更正。

十一、质量评述

1:500数字化地形测图,各种地形地物表示正确,测绘认真、细致,碎部点密度均匀,各类注记齐全,符号运用正确,图面清晰易读,质量良好。整个项目质量总评为良好,各类资料、图件整理齐全完整,数学精度较好,能够满足甲方规划、设计等的需要。

十二、提交的成果资料

项目结束时,提供以下相关成果资料:

(1)控制点成果表、点之记。

(2)飞行记录表。

(3)测区航摄略图。

(4)像控点成果表。

(5)像控点点之记。

(6)图根点成果表。

(7)1:500 地形图及标准分幅。

(8)分幅结合表。

(9)测区 34.26 km^2 三维模型。

(10)技术设计书。

(11)技术总结。

(12)质检报告。

注意事项

(1)无人机航飞前要进行实地踏勘,了解测区实地情况。

(2)收集测区已有大地资料与图件信息。

(3)无人机航飞前要进行空域申请。

(4)像控点应满足布点方案要求,选择明显地物点。

(5)空三精度要满足规范要求。

(6)测图前要对三维模型精度进行检查。

(7)测图成果要进行两级检查一级验收。

拓展思考

(1)项目实施之前为什么要进行测区踏勘?

(2)测区踏勘需要收集哪些信息?

(3)无人机航飞过程中有哪些注意事项?

(4)像片控制测量实施之前是否需要进行测区的控制测量?

(5)成果质量检查是否要到测区进行实地测量?

参考文献

[1] 陈国平. 摄影测量与遥感[M]. 北京:测绘出版社,2011.

[2] 速云中,凌培田. 无人机测绘技术[M]. 武汉:武汉大学出版社,2022.

[3] 吴献文. 无人机测绘技术基础[M]. 北京:北京交通大学出版社,2019.

[4] 王冬梅. 无人机测绘技术[M]. 武汉:武汉大学出版社,2020.

[5] 张文博,肖洪,李爽. 无人机测绘技术应用及成本研究感[M]. 吉林:吉林科学技术出版社,2011.

[6] 周金宝. 无人机摄影测量[M]. 北京:测绘出版社,2022.

[7] 李艳,张秦罡. 无人机航空摄影测量数据获取与处理[M]. 成都:西南交通大学出版社,2022.

[8] 孟祥妹,赵振东. 无人机航空摄影测量[M]. 哈尔滨:哈尔滨工程大学出版社,2023.

[9] 吕翠华,杜卫钢,万保峰,等. 无人机航空摄影测量[M]. 武汉:武汉大学出版社,2022.

[10] 丁华,张继帅,李英会,等. 摄影测量学基础[M]. 北京:清华大学出版社,2018.

[11] 中华人民共和国自然资源部. 低空数字航空摄影测量内业规范:CH/T 3003—2021[S]. 北京:测绘出版社,2022.

[12] 中华人民共和国自然资源部. 低空数字航空摄影测量外业规范:CH/T 3004—2021[S]. 北京:测绘出版社,2022.

[13] 中华人民共和国自然资源部. 低空数字航空摄影规范:CH/T 3005—2021[S]. 北京:测绘出版社,2022.

[14] 国家测绘局. 无人机航摄安全作业基本要求:CH/Z 3001—2010[S]. 北京:测绘出版社,2010.

[15] 国家测绘局. 1:5 00 1:1 000 1:2 000 地形图航空摄影测量内业规范:GB/T 7930—2008[S]. 北京:中国标准出版社,2008.